エンジニアが一生困らない ドキュメント作成の基本

仲田尚央
Naohiro Nakata

Engineers will never have trouble
Basics of document creation

ソシム

はじめに

　ドキュメントを書くことに苦手意識を持ったエンジニアは多いようです。本書を手に取っていただいた方にも、少なからず苦手意識があるのではないでしょうか。あるいは、明確な課題感はなくても、何となくで書いていて、うまく書けているのか自信がない、という方もいると思います。

　それもそのはず、ドキュメントの書き方をエンジニアが学ぶ機会は少ないのが現状です。そういった授業を提供する学校は少しずつ増えていて、筆者自身も授業を持っていますが、多くのエンジニアにとってドキュメントの書き方を学ぶ機会はほぼありません。学んだことがなければ、うまく書けず苦手意識を持ってしまうことも、うまく書けているか自信を持てないことも、当然でしょう。

　一方で、ドキュメントを読むスキルはもちろん、書くスキルはエンジニアにとって欠かせないものと言えます。ソフトウェア開発の現場で動くエンジニアは、仕様書、マニュアル、報告書、情報発信のためのブログなど日々さまざまなドキュメントを書きます。ドキュメントを書いたことがないエンジニアはいないと言っても過言ではないはずです。

　ドキュメントは、情報を効率良く伝える強力な手段です。それだけでなく、ドキュメントを書くことは、読み手の頭の中にある情報を整理し、構造化することにもつながります。ドキュメントを書く過程で、複雑で入り組んだ情報が頭の中で分解、整理され、論理立った形に、そして階層構造の形に変わります。

　本書では、文章の書き方だけでなく、伝える情報をどのように整理してドキュメントの構成に反映するかに重点を置いて、読み手に伝わりやすい

ドキュメントを作る方法を解説しています。複雑な情報を整理し、それを適切に構成に落とし込むことで、読み手に伝わりやすいドキュメントになります。

　本書は、1章で本書の概要を掴める構成になっています。ですから、1章はぜひ最初に読んでください。2章以降は順にお読みいただくのがベストですが、深く知りたいドキュメント作りのステップだけを拾い読むこともできます。本書でも説明するように、必要な情報だけを拾い読めるのがドキュメントの強みです。

　筆者が学校で持っている授業の内容をもとに書籍化したものが本書です。皆さんにはぜひ生徒になった気持ちでお読みいただければと思います。読み終えた頃には、皆さんの中できっとドキュメントへの苦手意識が消えているはずです。

　それでは開講です！

CONTENTS

基礎編

Chapter 1　良いドキュメントを効率良く書くために

- 1-1　エンジニアにとってのドキュメントを書く目的 ─── 13
- 1-2　良いドキュメントの3つの要素 ─── 17
- 1-3　書くこととプログラミングの共通要素 ─── 24
- 1-4　書くことへの苦手意識 ─── 27
- 1-5　書く前にテーマを分解する ─── 31
- 1-6　ドキュメントを書く流れ ─── 32

Chapter 2　ドキュメントの読み方を理解する

- 2-1　階層構造を理解すると効率良く読める ─── 45
- 2-2　ドキュメントは階層構造を持つ ─── 46
- 2-3　辞書形式と読み物形式で読み方が異なる ─── 54
- 2-4　辞書形式のドキュメントは当たりを付けながら読む ─── 56
- 2-5　読み物形式のドキュメントは要点を掴みながら読む ─── 63

Chapter 3 読み手とテーマを選定する

- 3-1 読み手に合わせたドキュメントにするために — 73
- 3-2 ドキュメントの目的を明確にする — 77
- 3-3 読み手を理解する — 80
- 3-4 読み手を理解するための情報源 — 84
- 3-5 読み手とテーマを絞り込む — 87

Chapter 4 テーマを分解する

- 4-1 テーマの分解がドキュメントの適切な構成につながる — 97
- 4-2 テーマを構成する3つの要素 — 101
- 4-3 「なぜ・何を・どうやって」にテーマを分解する — 104
- 4-4 大きなテーマを分解する — 111
- 4-5 読み手の目的に合わせて分解する — 118

Chapter 5 ドキュメントの骨組みを組む

- 5-1 ドキュメントの骨組み＝アウトライン — 125
- 5-2 アウトラインの役割 — 128
- 5-3 分解したテーマからアウトラインを組む — 133
- 5-4 アウトラインの例 — 148

Chapter 6 文章を書く

- 6-1 1つの話題をまとめるパラグラフ — 159
- 6-2 話題のまとまりを意識すると書きやすくなる — 164
- 6-3 パラグラフを展開する3つのパターン — 165
- 6-4 パラグラフを展開する — 169
- 6-5 並列の情報は表現を揃える — 180

Chapter 7 わかりやすい文を書く

- 7-1 わかりやすい文とは — 187
- 7-2 効率良く理解できるように書く — 189
- 7-3 正しく理解できるように書く — 198
- 7-4 ポジティブに受け止められるように書く — 205

Chapter1〜7 までの振り返り — 211

Chapter 8 ChatGPTで効率良く書く

- 8-1 文章を自動で瞬時に生み出すChatGPT — 215
- 8-2 知らないことは書けないChatGPT — 220
- 8-3 ChatGPTに「おまかせ」ではなく「支えてもらう」 — 221
- 8-4 ChatGPTでドキュメントの構成を組む — 223

| 8-5 | ChatGPTでドキュメントを下書きする ———— 236
| 8-6 | ChatGPTで文章を校正する ———— 264

実 践 編

Chapter 9 ドキュメントの構成例

| 9-1 | 要件定義書 ———— 277
| 9-2 | 仕様書 ———— 285
| 9-3 | ユーザーマニュアル ———— 291
| 9-4 | 報告書 ———— 297

基礎編

<登場人物紹介>

ナカタ先生
ドキュメントライティング歴17年の達人。好きな形容詞は「わかりやすい」、好きな接続詞は「たとえば」。

先輩
ソフトウェア会社のエンジニア3年目。ドキュメントを書こうとするといつも頭が真っ白になる。

新人ちゃん
文系の大学から未経験で入社してきた駆け出しエンジニア。好きな食べ物はからあげ。

Chapter 1

良いドキュメントを効率良く書くために

皆さんは、なぜドキュメントを読み、なぜ書くのでしょうか？趣味のブログなどでない限り、読みたくて読んでいる人も、書きたくて書いている人も、おそらくほとんどいないでしょう。ドキュメントは必要に迫られて読み書きするものです。すなわち、ドキュメントを読み書きすることには「目的」があります。

　ドキュメントを読み書きすることは、何らかの目的を達成するための手段です。ドキュメントを書く人（書き手）、そのドキュメントを読む人（読み手）の双方に目的があります。書き手にとっては、物事や手順を説明したり、活動を報告したりすることが、読み手にとっては、必要な情報を得ることが目的になります。

　本書では、書き手にとっての目的と、読み手にとっての目的の、両方を効率良く達成するドキュメントの書き方をお話ししていきます。「効率良く」としたのは、ドキュメントを読み書きすること自体はエンジニアにとって目的ではないからです。目的を効率良く達成できることが、開発現場の情報共有を支え、ひいては開発を速めます。

　本章では、これからドキュメントの書き方を学んでいくにあたっての下準備として、必要な情報を効率良く得られる「良い」ドキュメントとはどのようなものか、そして、良いドキュメントを効率良く作るための方法はどのようなものかをお話ししていきます。

それでははじめていきましょう。

　よろしくお願いします！

　ドキュメント苦手なんですよね。いつもついついあと回しに…。

　大丈夫！「手順」さえ覚えれば楽に書けるようになるよ。

1-1　エンジニアにとってのドキュメントを書く目的

　ドキュメントを書くことはエンジニアにとって欠かせない仕事です。ドキュメントなしにソフトウェア開発は回りません。さらに言えば、開発だけでなくチームが円滑に回るためにも、ドキュメントによる情報の伝達は必要不可欠です。

　一方で、エンジニアの皆さんにとって、ドキュメントを書くこと自体は本業でも目的でもないことが多いでしょう。多くの場合、ドキュメントを書くことは別の目的のための手段です。では何を目的にドキュメントを書くのでしょうか。

　エンジニアにとってのドキュメントを書く目的は、大きく次の3つに分類できます。

- 概念や手順を説明する（説明型）
- 知見や活動を報告する（報告型）
- 意見や提案を伝え、相手の行動を促す（説得型）

もちろん、上記の目的にはさらに上位の目的があるはずです。たとえば、プロダクトをユーザーに使ってもらう、新規プロジェクトを立ち上げる、などです。ですが、ドキュメントに直接紐づく目的は主に上記の3つに大別できます。

以降では、「説明型」、「報告型」、「説得型」の3つに分けて、エンジニアが関わるドキュメントの具体例を見ていきます。本書ではドキュメントをこの3つに分けて説明していきますので、「説明型」、「報告型」、「説得型」の3つのキーワードを頭の片隅に留めておいてください。

概念や手順を説明する（説明型）

1つめは、概念や手順を説明することを目的としたドキュメントです（表1-1）。説明の対象には、プロダクトの要件、仕様、機能、使い方などが挙げられます。要件定義書、仕様書や、マニュアルなどの形を取ります。アジャイル開発であれば、要件定義書の代わりにバックログという形で、システム上で要件を管理することも多いと思います。これも小さなドキュメントと捉えられます。

表1-1 説明型のドキュメント

種類	目的
要件定義書・バックログ	開発するプロダクトが満たすべき要件を、そのプロダクトの利用者（または発注者）視点で説明するドキュメント
仕様書	プロダクトの機能、画面、画面遷移、入出力されるデータなどの詳細仕様を、要件をもとに開発者視点で説明するドキュメント
マニュアル	プロダクトの機能や使い方などを利用者に対して説明するドキュメント
作業手順書	特定の作業を速く正確に実行するために、その作業の手順を説明するドキュメント

知見や活動を報告する（報告型）

2つめは、知見や活動を報告することを目的としたドキュメントです（表1-2）。報告の対象には、活動内容とその結果、得られた知見、発生した障害などが挙げられます。報告書や論文の形を取ります。あるいは、QiitaやZennといったエンジニア向けのコミュニティーサービスや技術ブログへの投稿も、知見や活動を報告するドキュメントの1つと言えます。

表1 − 2　報告型のドキュメント

種類	目的
報告書	業務における活動や出来事を組織内に報告するドキュメント
論文・技術ブログ	研究や調査の内容とその結果、あるいは活動で得た知見について報告するドキュメント

意見や提案を伝えて相手に行動を促す（説得型）

　3つめは、意見や提案を伝えて、相手に行動を促すことを目的としたドキュメントです（表1 − 3）。提案の対象には、プロジェクトの企画や、業務プロセスの改善などが挙げられます。これは企画書や提案書の形を取ることが多いでしょう。

　チームで仕事をする上では、相手に行動を促すことは欠かせません。たとえ自分が方針を決定する権限を持っていたとしても、何をしたいのか、なぜそれが必要なのか、どうやってそれを実現するのか、といったことを関係者に論理立てて説明し、納得を得る必要があります。それらへの理解が浅いままでは、チームやその関係者は自律的な判断ができず、ひいては実現の可能性を狭めてしまいます。

表 1 − 3　説得型のドキュメント

種類	目的
企画書・提案書	アイデアを実現するために承認者や関係者を説得するドキュメント

1−2　良いドキュメントの3つの要素

　さて、ここまでドキュメントの具体例を3つの型に分けて挙げましたが、それぞれに共通することは「ドキュメントには目的がある」ということです。

　ここまで書き手にとっての目的をお話ししましたが、その一方で、読み手も特定の目的を持ってドキュメントを読みます。読み手の目的は、ドキュメントを読むことではなく、ドキュメントから必要な情報を得ることです。プロダクトの仕様を知りたい、操作方法を知りたいなど、何らかの目的を持って読み手はドキュメントを読みます。

　この**書き手と読み手の双方の目的を達成することが、ドキュメントのゴールです**。これは大事な点で、世界観や物語を楽しむことを目的とする小説や随筆と比べた、ドキュメントの特徴でもあります。

　さらには、その目的を読み手の少ない負担で達成できることが望ましいでしょう。たとえゴールを達成できても、ドキュメントを必死に読み解く努力が読み手に求められていては良いドキュメントとは言えません。読み手が必要とする情報は、プロダクトのざっくりとした概要だったり、機能

の詳細な仕様だったり、あるいは機能の操作方法だったりと、人や状況によりさまざまです。**異なる情報を必要とするそれぞれの読み手が、必要な情報を効率良く得られる**ことが求められます。改めて考えると、これはなかなか難しいことです。

このように、ドキュメントには「効率良く目的を達成できること」、すなわち「実用性」「ユーザビリティ」が求められます。「良いドキュメント」は「ユーザビリティの高いドキュメント」ということになります。

国際標準化機構（ISO）が制定する国際規格「ISO9241-11」では、ユーザビリティが次のように定義されています。この定義では、ユーザビリティはEffectiveness（有効性）、Efficiency（効率性）、Satisfaction（満足感）の3つの要素を持つとされています。

"The extent to which a product can be used by specified users to achieve specified goals with effectiveness, efficiency and satisfaction in a specified context of use."

筆者翻訳：特定の使用者が特定の使用状況において特定の目標を達成するために、製品を有効性、効率性、満足感をもって使用できる度合い。

ISO9241-11

このユーザビリティの定義に紐付けると、「良いドキュメント」は、「**必要な情報を正しく得られること**」、「**効率良く理解できること**」、「**不快さがなく、ポジティブに受け止められること**」の3つの要素を持つものと定義できます（図1-1）。

図1-1 良いドキュメントの3つの要素

必要な情報を正しく得られる

　良いドキュメントの1つめの要素は、「必要な情報を正しく得られる」ことです。小説や随筆では、読み手による解釈の違いが味わいになったりします。一方で、ドキュメントでは、**書き手が伝えたいことが読み手に一意に伝わる必要があります**。仕様書の解釈が人により違っていたら、開発の現場で大混乱が起こるに違いありません。

　情報を正しく伝えるために、ドキュメントでは次の工夫をします。

- 曖昧さを廃し、明確な文章で書く
- できるだけ具体的に書く
- 誤解なく読める文章で書く

　たとえば、「画面の表示が速い。」ではなく、「画面が2秒以内に表示さ

れる。」と書きます。「速い」の解釈は人により異なるからです。満たすべき要件が曖昧では、開発に支障が出ます。

あるいは、「iPhoneは簡単に使用できる。」ではなく、「iPhoneは、アプリケーションのデザインと操作に一貫性があり、ユーザーが異なるアプリケーションを共通の操作感覚で使える。」のように書きます。「簡単」「素早く」のような言葉は世の中に溢れていますが、曖昧な言葉は読み手に伝わりません。

必要な情報を正しく得られる文章の書き方については第7章で詳しく取り上げます。

効率良く理解できる

良いドキュメントの2つめの要素は、「効率良く理解できる」ことです。先にお話ししたように、たとえドキュメントの目的を達成できても、ここにもない、あそこにもない、と必要な情報を求めて読み手がドキュメントの中を彷徨い歩く状況では、良いドキュメントとは言えないでしょう。

ドキュメントの書き手は、一生懸命書いたドキュメントを読み手がきちんと最後まで読んでくれると思いがちです。けれども、残念ながら**ほとんどの読み手は最後まで読んでくれません**。Webページを対象とした、ヤコブ・ニールセン博士の調査では、人はページ内の2割〜3割程度しか読まないことが示されています（図1-2）。グラフを見ると、ページ内のワード数（横軸）が多くなると、読み手が読む割合（縦軸）が減っていくことがわかります。

ですから、**書き手としては、流し読みされることを前提にして、それでも必要な情報が伝わるように書く努力が必要**です。もちろん、仕事で必要があって読む文章であれば、読み手が読む割合はもっと増えるでしょう。

図1-2 ページ内のワード数（横軸）と読み手が読む割合（縦軸）の関係

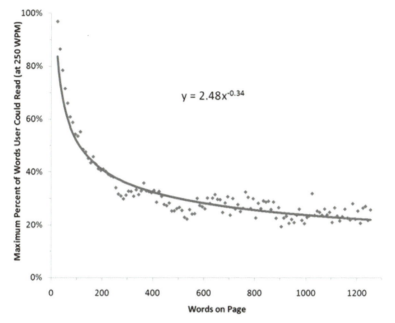

出典：Jakob Nielsen『How Little Do Users Read?』https://www.nngroup.com/articles/how-little-do-users-read/

とはいえ、読み手は本業の片手間にドキュメントを読んでいます。ドキュメントを読む人が多ければ多いほど、書き手の工夫で多くの人の時間を節約できます。それはチームの生産性を上げることにつながります。

読み手が効率良く情報を得られるようにするために、ドキュメントでは次の工夫をします。

- 要点を先に伝える
- どこに何が書いてあるかをわかりやすくする

- 話の流れを整理し、理解しやすくする
- 簡潔で読みやすい文章で書く
- 必要な情報だけを書く

　もっとも大事なことは、「要点を先に伝える」ことです。たとえば、ドキュメントの構成を組むときには、言いたいことの要点が見出しだけで読み手に伝わることを目指します。そして、文章を書くときには、先に要点を伝えてから、そのあとでその理由や詳細を読み手に伝えます。要点を先に掴んでから詳細へと読み進めていくことで、読み手は効率良く情報を得られるようになります。要点だけ掴んで先へと読み飛ばすことさえできます。要点を伝える見出しの組み方は5章で、要点から先に伝える文章の書き方は6章と7章で取り上げます。

　また、ドキュメントで伝える情報が多くなると、「どこに何が書いてあるかをわかりやすくする」ことも重要になってきます。そうすれば、読み手は自分が必要とする情報だけを得ることができます。そのためには、伝える情報を整理してテーマごとにまとめ、それぞれの情報にわかりやすい見出しを付けていくことが必要です。伝える情報の整理については4章と5章で取り上げます。

　さらには、「話の流れを整理し、読み手が理解しやすくする」ことも大事です。Aの話をしたと思えばBの話をしてまたAの話に戻るような、話が行ったり来たりする文章では、読み手の理解を得られません。書く前に話題を整理して、順序立てて読み手に伝えていく必要があります。後述するように、書く前に話題を整理すると、文章を書きやすくなるメリットもあります。話の流れの整理については、6章で取り上げます。

　そして、「簡潔で読みやすい文章で書く」ことも欠かせません。一度読むだけでスッと頭に入る文章が理想です。逆に、二度三度と読み直して

やっと理解できる文章が続いては、読み手はイライラしてしまうことでしょう。読みやすい文章を書くコツについては7章で取り上げます。

最後に、<u>「必要な情報だけを書く」</u>ことも大切です。といっても、必要な情報は読み手により異なります。テーマと対象読者が広くなると、それだけドキュメントで扱う情報も多くなり、必要な情報を探しづらくなってしまいます。たとえば、不特定多数の読み手を想定したユーザーマニュアルがこれにあたります。そのような場合、テーマや対象読者を小さく切り取ることも必要です。テーマと読み手の選定については3章で取り上げます。

不快さがなく、ポジティブに受け止められる

良いドキュメントの3つめの要素は、「不快さがなく、ポジティブに受け止められる」ことです。ドキュメントでは情報を効率的に伝えることを目指しますが、読み手の心情に配慮することも必要です。読み手にどのような印象を持ってもらいたいかによって、使う表現も異なります。

ポジティブに伝えるために、ドキュメントでは次の工夫をします。

- 肯定形で書く
- 信頼される表現で書く

肯定形と否定形の表現では、まったく同じことを伝える場合でも、読み手の印象が変わります。たとえば、「100件を超えるデータは登録できません。」と「100件までのデータを登録できま

す」とでは、後者のほうがポジティブな印象を受けませんか？

　逆に、敢えて否定形で書くこともあります。たとえば、「電源を切らないでください」のように禁止事項を伝えるときです。その場合は、**敢えて否定形で書いたほうが強く伝わります**。

　ポジティブに伝えるための文章表現のコツについては7章で取り上げます。

1-3　書くこととプログラミングの共通要素

　ここまで「良いドキュメントとは何か」というお話しをしました。

　次は敢えて少し話を脱線させて、良いドキュメントを書くためのコツをプログラミングに喩えてお話しします。ドキュメントを書くこととプログラミングには共通の要素があるのです。本書の読者には、プログラミングには慣れている方が多いと思いますので、ドキュメントを書くことへの親近感が湧くのではないでしょうか。

最初の設計が大切

　共通要素の1つは、コードを書き始める前に行う設計の大切さです。ドキュメントで言えば、ドキュメントの構成（アウトライン）の設計にあたります。

　ある程度大きなプログラムになると、コードを書き始める前に行う設計の工程は欠かせません。機能が適切に分解されていないと、コードの再利用が難しくなります。さらには、コードの理解や修正が難しくなり、バグ

の原因にもなり得ます。結果として、実装に掛かる工数も増してしまいます。そのようなリスクを減らすために、大きなプログラムをモジュールに分解していき、各モジュールに機能を割り当てます。プログラムは最終的に関数にまで分解されます。

　設計の大切さはドキュメントでも同じです。ある程度大きなドキュメントになると、**文章を書き始める前に行う設計の工程が欠かせません**。テーマが適切に分解されていないと、話が行ったり来たりしたり、同じような情報が散在してどこに何が書かれているのかわかりづらいドキュメントになってしまったりします。さらには、書き手にとっても書きづらく、執筆に時間が掛かってしまいます。そのようなリスクを減らすために、大きなテーマをサブテーマに分解していき、各見出しにサブテーマを割り当てます。テーマは最終的にパラグラフにまで分解されます。

内容を表した関数名（見出し）を付ける

　2つめの共通要素は、「内容を表した関数名を付ける」ということです。ドキュメントで言えば、関数名は見出しにあたります。

　プログラマーは、関数に対して処理の内容を端的に表した名前を付けることを意識しているはずです。たとえば、ユーザー情報を取得する関数であれば「get_user(id)」という関数名が考えられます。処理内容を想像しやすい関数名にすることは、読みやすいプログラムにするために大事な工夫です。

　必要な意識はドキュメントでも同じです。**書かれている内容が端的にわかる見出しを付ける**ことは、わかりやすく、必要な情報を探しやすいドキュメントにするためのコツです。見出しから内容を推測できれば、要点を掴んでから詳細を読めるので、内容が頭に入りやすくなります。そして、

求める情報がそこにありそうかという当たりも付けられます。

1つの関数に1つの役割を持たせる

　3つめの共通要素は、「1つの関数に1つの役割を持たせる」ことです。ドキュメントでは、「1つの見出しに1つのテーマを持たせる」と言い換えられます。

　1つの関数が複数の役割を持つと、プログラムの読みやすさやメンテナンス性が低下します。関数のコードが複雑化して可読性が落ちるだけでなく、関数の再利用性も低下します。さらには、テストや、バグの原因特定もしづらくなります。

　ドキュメントでも、**1つの見出しに1つのテーマを持たせる**ことが原則です。1つの見出しの中に複数のテーマを詰め込むと、見出しの中で言いたいことがわかりづらくなり、わかりやすさが低下します。また、先述の「内容を表した関数名（見出し）を付ける」原則に沿おうとすると、見出しが長くなったり、曖昧な見出しになってしまったりします。その結果として、内容が頭に入りづらく、どこに何が書かれているのかもわかりづらいドキュメントになります。

コードを共通化する

　4つめの共通要素は、「コードを共通化する」ことです。ドキュメントでは、「記述を共通化する」と言い換えられます。つまり、**同じことを複数の箇所に書かない**ということです。

　プログラミングでコードを共通化することは、効率や保守性の面で効果的です。同じ処理を何度も実装する必要がなくなり、開発の時間と労力を

節約できます。さらに、コードの変更が必要な場合には、共通のコードを変更するだけで、その変更が複数の箇所に適用されます。これにより、コードベース全体の整合性を維持しやすくなります。

　ドキュメントにも同じことが言えます。特にマニュアルでは、同じ記述をいくつもの箇所に書くことになりがちです。共通する記述を1箇所にまとめて、必要な箇所から参照リンクを貼ることで、時間や労力を節約できるだけでなく、記述の修正も楽になります。

　ただし、過度な共通化は可読性を損なう点も、プログラミングとドキュメントの双方に共通します。ドキュメントに参照リンクが多くなり、読み手にとって読みづらくなります。効率性・保守性と、可読性とのバランスを取らなければなりません。

　このように、ドキュメントには、プログラミングと重なる要素が多くあります。そう考えると、ドキュメントを書くという行為が身近に感じられるのではないでしょうか。良いコードが書ける人は、方法論さえ学べば、すんなりと良いドキュメントも書けるようになるでしょう。本書はそのきっかけになるはずです。

1-4　書くことへの苦手意識

　さて、脱線した話を戻します。

　良いコードを書ける人は良いドキュメントも書けるとお話ししましたが、それにも関わらず、ドキュメントあるいは文章を書くことに関しては苦手意識を持ったエンジニアが多いようです。それはなぜでしょうか。才能の問題でしょうか？もちろん違います。ドキュメントを書くことに才能

は不要です。

　ドキュメントへの苦手意識を紐解くと、「そもそも何を書けばいいのかわからない（What）」と、「何からどうやって書けばいいのかわからない（How）」に分解できます。本書の「はじめに」では、ドキュメントの書き方を学ぶ機会がないというお話しをしました。その結果として、なぜ書く必要があるのか（Why）はわかっても、何を、どうやって書けばいいのかわからない、という状況に陥ります。

何を書けばいいのかわからない

　苦手意識の原因の1つが、そもそも何を書けばいいのかわからないということでしょう。特に初めて書くドキュメントでは、この状態に陥ることが多いと思います。

　この場合、課題は情報の収集です。といっても、ドキュメントで扱うテーマが広いと、情報を収集するにも何をどこまで収集すればいいのかわかりません。

　そこで、**ドキュメントで伝える情報を小さく分解すると、情報を収集しやすくなります**。たとえばマニュアルであれば、次のようにテーマを分解することで、どんな情報を収集すればいいのか、どんな情報が必要なのかが見えてきます。

- プロダクトや機能の概要
- プロダクトや機能の利用目的
- プロダクトや機能の使い方
- 利用上の注意
- トラブルが起きたときの対処方法

伝える情報を小さく分解するには、全体のテーマを**「なぜ・何を・どうやって」の3つ**に分解していきます。マニュアルの例では、「プロダクトや機能の概要」が「何を」、「プロダクトや機能の利用目的」が「なぜ」、「プロダクトや機能の使い方」が「どうやって」にあたります。テーマの分解については、4章と5章で詳しく取り上げます。

　あるいは、**ドキュメントの種類ごとのテンプレートを使う**手もあります。テンプレートを使うことで、どんな構成でどんな情報を書けばいいか大まかにわかります。インターネットで「仕様書 テンプレート」、「報告書 テンプレート」などのキーワードで検索すれば、ドキュメントの種類ごとのテンプレートを得られます。また、本書の実践編でも、いくつかのドキュメントのテンプレートを紹介します。

　そして、私たちは生成AIという強力な武器も手に入れています。どんな構成で何を書けばいいかを生成AIに聞くこともできます。**主な種類のドキュメントであれば、生成AIが構成案を考えてくれますし、個々の項目にどんなことを書くべきかを深堀りして聞いていくこともできます。**生成AIの1つであるChatGPTの活用については、8章で取り上げます。

　ただし、テンプレートを使う場合も、生成AIを使う場合も、得られた構成案が適切かどうかを評価して使わなければなりません。評価なしに盲信するのは、インターネットや生成AIで得たスクリプトを評価なしに流用するようなものです。

　評価には本書で学ぶことが役立ちます。8章では、生成AIの出力をどう評価するかも合わせて詳しく解説します。

何から書けばいいのかわからない

苦手意識のもう一つの原因が、書くべきことはわかっていても、何から書けばいいのかわからないということです。ドキュメントを書くときに立ちはだかる最初の難関は、1文字目を書くときでしょう。情報収集が終わり、テキストエディターやドキュメンテーションツールをいざ起動しても、白紙の状態から第一歩を踏み出すのは、なかなか大変なものです。

そもそも、書くべきテーマがボンヤリと頭に浮かんでいるだけでいきなり理路整然とした文章を書ける人は、筆者のように書くことを仕事にした専門のテクニカルライターにもほとんどいません。筆者はプロダクトのマニュアルを書く機会が多いですが、「◯◯機能を説明する」というボンヤリとしたテーマからいきなり書こうとしていた頃は、記事の書き始めでなかなか文章が出て来ずに苦労していました。ひとまずは冒頭に機能の概要を伝える一文を書くのですが、その次の文が思い浮かばないのです。

書くテーマは決まっていても、何から書いていいのかわからない場合、テーマが抽象的過ぎて、書けるレベルまで具体化されていないことが原因です。つまり、ここでも対策は「伝えるテーマを小さく分解する」ということになります。

分解したテーマから文章の構成を組み、そこから文章を書いていきます。こうすることで、<u>何を書けばいいかが細かな単位でハッキリと具体化されるので、文章を書きやすく</u>なります。そして、<u>どこに何を書くかが決まっていると、書きやすいところから書くこともできる</u>ようになります。文章

全体の構成ができていれば、どこから書いても文章の筋道が通ります。

1-5 書く前にテーマを分解する

　このように、わかりやすいドキュメントを素早く書くためのカギは、「書く前にテーマを分解すること」です。「書けないな」と思ったら、「まだテーマの粒度が粗くて分解が足りていないのだ」と考えてください。テーマを小さいサブテーマに切り分けることで、各サブテーマで書くことがハッキリして、文章を書きやすくなります。

　分解したテーマは、ドキュメントの構成に反映されます。分解してできたサブテーマごとに見出しを割り当てます。そして、サブテーマの内容をさらに小分けにした話題ごとに、パラグラフ（段落と似たもの）を割り当てます（図1-3）。このように、大きなテーマを分解してできたサブテーマや、それをさらに小分けにした話題ごとに文章を書いていきます。

　分解したテーマがドキュメントの構成と紐付くことは、ドキュメントの読み手にとってもメリットがあります。なぜなら、自分が探している情報がドキュメントのどこに書かれているのかが明白になるからです。さきほどお話ししたように、読み手は書かれていることをすべては読まず、自分が必要とする情報だけを読んで得ようとします。見出しやパラグラフごとにテーマや話題が分かれていることで、それが自分にとって必要な情報かどうかを取捨選択できるようになるのです。

図 1−3 分解したテーマをドキュメントの構成に反映する

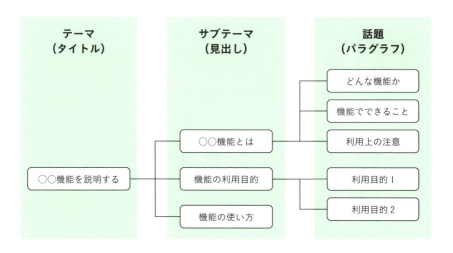

1-6　ドキュメントを書く流れ

　ここまでお話ししたように、わかりやすいドキュメントを効率良く書くためには、「書く前にテーマを小さく分解して整理すること」が大切です。その上で、分解したテーマから見出しや文章の構成を組み立てていきます。
　そこで、ドキュメントを書く際には、図1−4の流れを取ります。このように、全体から部分へと段階を踏んでドキュメントを作っていきます。
　テーマだけが決まった状態からいきなり文を書こうとすると、1つのステップが高すぎて大変です。それよりも、5つのステップに分けて登ることで、ドキュメントを作りやすくなります（図1−5）。

図1−4 ドキュメント作成の5つのステップ

図1−5 段階を踏んでドキュメントを作っていく

読み手とテーマを選定する

　最初のステップは、読み手とテーマの選定です。つまり、**「誰に何を伝えるか」という、ドキュメントの目的を定めます**。目的が無ければそもそもドキュメントを書こうとは思っていないはずですが、この段階ではまだ読み手もテーマもボンヤリしていることが多いでしょう。両者を最初にハッキリと具体化させておくことが大切です。

そこで、読み手とテーマの両面で、ドキュメントの目的を具体化します。たとえば、「プロダクトを初めて使うユーザーに、プロダクトの基本機能を説明する」、「プロジェクトメンバーに、プロジェクトの企画を伝える」といった具合です。

読み手とテーマが広すぎると、ドキュメントが大きく、また複雑化します。ドキュメントで扱う情報が多くなり、必要な情報を読み手が探しづらくなります。さらに、読み手に合わせた粒度で説明することも難しくなります。その結果、わかりづらいドキュメントになってしまいます。

ですから、ドキュメントの目的を具体化するためには、読み手とテーマを絞り込むことが大切です。**特に不特定多数の読み手を想定するドキュメントでは、読み手の像がボンヤリとしがちです。読み手の目的、知識レベル、立場の3つに焦点を当て、ターゲットを絞り込みます**。たとえば次のような絞り込みがあるでしょう。

- トラブルシューティング（目的での絞り込み）
- 初心者向け（知識レベルでの絞り込み）
- システム管理者向け（立場での絞り込み）

図1－6　読み手を具体化する

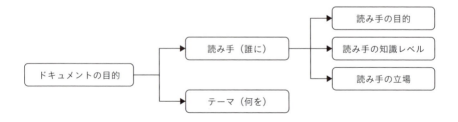

読み手とテーマは、ドキュメント作りの土台になります。そして、後続する「テーマを分解する」、「ドキュメントの構成を組む」、「文章を書く」のステップにつながります。

テーマを分解する

次のステップは、テーマの分解です。ここまでお話ししてきたように、テーマを小さいサブテーマに切り分けることで、各サブテーマで書くことが明確になり、文章を書きやすくなります。

ここで活用するのが、さきほど挙げた「なぜ・何を・どうやって」のフォーマットです。この3つを基本セットにすることで、話を論理立てて進めることができます。たとえば企画書であれば、次の3つにテーマを分解します。

- なぜ（Why）：なぜその企画が必要なのか
- 何を（What）：何を実現したいのか
- どうやって（How）：どうやってそれを実現するのか

図1-7 なぜ・何を・どうやってに分解する

ここからさらに、「なぜ・何を・どうやって」を掘り下げていきます。

ドキュメントで扱うテーマが大きい場合は、テーマを階層構造に分解し、構造化する必要が出てきます。たとえば、プロダクトの仕様書、マニュアル、あるいは業務マニュアルなどは、1つのドキュメントで多くの情報を扱います。ときには数百ページになることもあるでしょう。そのような場合は、必要な情報を読み手が探しやすくなるように工夫が必要です。このような大きなドキュメントを隅から隅まで読む人はほぼいなく、読み手は必要な情報だけを探して読もうとするからです。

テーマの構造化にはパターンがあります。それは、**具体例か構成要素かのいずれかで分解する**ということです。仕様書であれば、機能の構成要素で分解することが多いでしょう。プロダクトのマニュアルでは、機能の構成要素で分解したり、もしくは利用目的の具定例で分解したりします。

図1-8 プロダクトの機能を構成要素で分解する

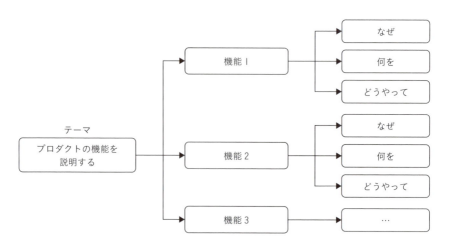

テーマの適切な分解方法は読み手の目的によって変わります。機能の使い方を知ることが読み手の目的であれば、機能の構成要素で分解するのが適切です。あるいは、自分の目的を達成する方法を知ることが読み手の目

的であれば、利用目的の具体例で分解するのが適切でしょう。ここには、さきほど「読み手とテーマを選定する」で具体化した読み手の目的が紐付きます。

ドキュメントの構成を組む

テーマを分解できたら、それをもとにして見出しの構成（アウトライン）を組みます。そうすることで、テーマに対する「なぜ・何を・どうやって」の3つの要素を順序立てて読み手に伝えていくことができます。それは、論理的でわかりやすいドキュメントにつながります。

図1-9 分解した要素から構成を組む

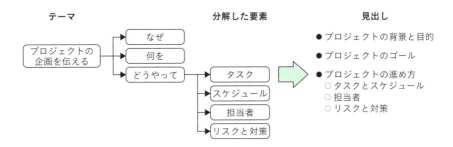

ドキュメントで扱うテーマが大きい場合は、テーマを分解した階層構造（図1-8）に沿ってドキュメントの構成を組むと、複雑な情報（たとえばプロダクトの機能）をわかりやすく整理できます。階層構造に沿って説明することで、読み手は対象の構造を頭に思い描きながら、その構成要素を順序良く理解していけるようになります。

見出しの構成を組めたら、それぞれの見出しの名前を決めます。名付けのコツは、見出しを見るだけで次のいずれかの情報を読み手が読み取れる

ようにすることです。**本文の内容をできるだけ具体的に表した見出しを付けます**。

- 本文に何が書かれているか
- 本文で何が言いたいか

適切な見出しを付けることで、ドキュメントで扱う情報が多くなっても、必要とする情報を読み手が探しやすくなります。

文章の構成を組む

見出しが決まったら、次は見出しの中に書く文章の構成を組んでいきます。文章の構成とは、話題の流れのことです。そして話題とは、「1つの言いたいこと」と、「その理由や説明」の組み合わせです。この2つを組み合わせることで、一つ一つの話題に対して読み手の納得を得ながら話を進めていきます。

構成を組むというと、難しく、面倒に聞こえますが、単に「見出しの中で言いたいこと」を1文ずつ書き並べるだけです。いきなり「文章」を書こうとすると、難しく、なかなか書き出せません。そうではなく、**まずは言いたいことだけを書き並べます**。それだけであればずっと簡単なはずです。

言いたいことを書き出したら、言いたいこと同士のつながりが良くなるように並べ替えます。言いたいこと同士の間のつながりが悪ければ、つながるように文を書き足します。このようにして、言いたいことだけをつなげて読むと、見出しの中全体で言いたいことにつながるようにします。

こうしてできあがったものが、文章の構成です。この構成に沿って文章

図1−10 言いたいことを並べる

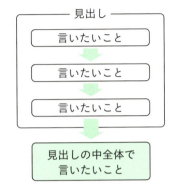

を書いていくことで、読みやすく、わかりやすい文章に仕上がります。書き手にとっても、このように段階を踏むことで、文章を書きやすくなります。

文を書く

あとは、一つ一つの言いたいことに対して、その理由や説明を書き足していくだけです。ここまでくれば、何を書けばいいのかがハッキリして、文章を書きやすくなっているはずです。

言いたいことはすでに書き出せているので、その言いたいことに対して読み手が納得できるよう、きちんと説明していきます。

その「1つの言いたいこと」と「理由や説明」の組み合わせが、1つのパラグラフになります。つまり、さきほど書き並べた「言いたいこと」が、それぞれ1つのパラグラフになるということです。

図 1 − 11　パラグラフは「言いたいこと」と「理由や説明」の組み合わせ

「理由や説明」の書き方にはパターンがあり、主には次の3つです。

- 理由を述べる（なぜなら、〜だからです。）
- 説明を述べる（つまり、〜ということです。）
- 具体例を挙げる（たとえば、〜があります。）

このように、「言いたいこと」の理由を述べたり、より詳しい説明を述べたり、あるいは具体例を挙げたりしながら、言いたいことへの読み手の理解を深めます。一つ一つの小さな話題に納得を得ながら、全体の理解へと読み手を導いていきます。

まとめ

　本章では、ドキュメントの書き方をこれから学んでいくにあたっての下準備として、そもそも何のためにドキュメントを書くのか、そして良いドキュメントとはどういうものなのかをお話ししました。さらに、良いドキュメントを効率良く書くために次のステップを踏もう、とお話ししました。

1. 目的：読み手とテーマを選定する（3章で解説）
2. テーマ：テーマを分解する（4章で解説）
3. 見出し：ドキュメントの構成を組む（5章で解説）
4. パラグラフ：文章の構成を組む（6章で解説）
5. 文：文を書く（7章で解説）

　本書で皆さんにお伝えしたいことは、文章をいきなり書かず、テーマの分解から始めるということです。テーマの適切な分解が、わかりやすいドキュメントを効率良く書くカギになります。

　そして、分解したテーマをドキュメントの構成に適切に反映することも大切です。その方法が、上に挙げたステップのように、ドキュメントを全体から部分へと段階を追って組み立てていくことです。いきなり文章を書き出すのと比べて一見して回り道に見えるかもしれませんが、結果的に速く、わかりやすいドキュメントを書けるようになるはずです。

　3章からは、この「全体から部分へ」の流れに沿って、各ステップを具体例を交えながら詳しくお話ししていきます。その前にまず次章では、ドキュメントを書く上で意識するポイントを読み手の立場から見ていきます。

Chapter 2

ドキュメントの読み方を理解する

本書はドキュメントを「書く」ことがメインテーマですが、本章ではいったん書くことから離れて、「読む」ことをテーマにします。あなた自身が読み手の立場になったときのことを想像して、読み手の視点からドキュメントを眺めてみましょう。ドキュメントの階層構造と、その中で「タイトル・見出し・リード文・パラグラフ・中心文」の5つの要素が持つ役割を意識しながら、ドキュメントから効率良く情報を得るための方法を理解していきます。

　ドキュメントの階層構造を理解することは、ドキュメントを効率良く読むことに役立ちます。そして、ドキュメントを書くためにも欠かせません。本書をお読みの皆さんの中には、階層構造を意識せずに「何となく」で書いてきた方も多いはずです。階層構造の中で上記の5つの要素が組み合わさって適切に機能することで、ドキュメントから読み手が効率良く情報を得られるようになるのです。

　そこで本章では、まずドキュメントが持つ階層構造を説明します。そして、ドキュメントの読み方を理解することを通じて、階層構造を形作る5つの要素の役割を、読み手の立場から確認します。さらにそこから、ドキュメントを書くにあたって書き手として意識すべきことを考察していきます。

書き方じゃなくて読み方を学ぶんですか？

Yes！書き手ってのは、どうしても「書いてあることは全部読んでもらえるもんだ」と思っちゃうんだよね。読み手がどう読むかを意識することが大事なんだ。

ドキュメントに書いたのに、お客さんから問い合わせくることメッチャあります…。

2-1 階層構造を理解すると効率良く読める

　ドキュメントの階層構造を理解すると、ドキュメントから効率良く情報を得られるようになります。なぜなら、自分が必要とする情報がドキュメントのどこにあるか当たりを付けられるようになるからです。そして、要点を掴みながらドキュメントを読めるようにもなるからです。探すのが速くなる、理解が速くなる、とも言い換えられます。

　ドキュメントの階層構造を理解すると、**自分が必要とする情報がドキュメントのどこにあるか当たりを付けられる**ようになります。いきなりドキュメントの本文を読むのではなく、タイトルや見出しなどを手掛かりにして、欲しい情報がどこにあるか当たりを付け、そこだけを読めるようになります。読む量を最小限に抑えられ、効率良く情報を得られます。

　また、ドキュメントの階層構造を理解すると、**要点を掴みながら読める**

ようにもなります。ただ漫然と読むのではなく、ドキュメント全体で何を言いたいのか、見出しの中で何を言いたいのか、パラグラフの中で何を言いたいのかを意識して読みます。要点がわかり、それに対して十分に納得を得られれば、次のパラグラフ、次の見出しへと読み飛ばすこともできます。そうすれば、やはり読む量を最小限に抑えられ、効率良く情報を得られます。抜き出した要点をメモしておけば、記憶にも残りやすくなります。

図 2 - 1　階層構造を理解すると効率良く読める

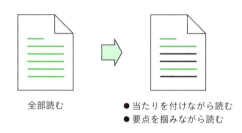

2-2　ドキュメントは階層構造を持つ

　ドキュメントは階層構造を持っています。階層構造とはつまり、図2-2のように階層を伴って根本から枝分かれする構造を持つということです。1つのドキュメントは1つのテーマを扱います。そして、その大きなテーマが小さなサブテーマへと分解され、さらにそれは1つの話題にまで分解されます。プログラミングに喩えれば、サブテーマがモジュールに、話題が関数にあたります。

図2-2 ドキュメントの階層構造

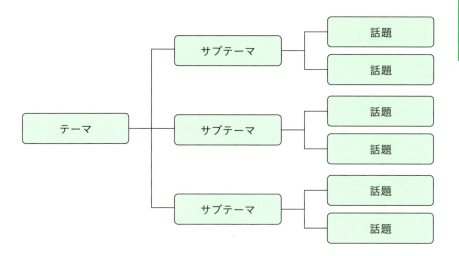

　その階層構造を形作るのが、タイトル・見出し・リード文・パラグラフ・中心文の5つの要素です（図2-3）。ドキュメント全体のテーマをタイトルが示し、その中のサブテーマを見出しが示します。さらに、一つ一つの話題をパラグラフが扱います。
　このように、テーマを分解した階層構造が、ドキュメントの階層構造と紐付きます。階層構造を取ることで、複雑で膨大な情報が一つ一つの小さな話題にまで分解され、わかりやすく順序立てて読み手に伝わります。

図2-3 ドキュメントの要素

全体のテーマを示すタイトル

タイトルは、ドキュメント全体のテーマを示しています。テーマとはつまり、「何が書かれているか」または「何が言いたいか」です。

　タイトルが示すことの1つが、そのドキュメントに「何が書かれているか」です。たとえば次のようなタイトルが挙げられます。

- プロダクトのマニュアル：「ユーザーマニュアル」、「○○機能の使い方」など

- 仕様書：「○○機能の仕様」など
- 報告書：「○○プロジェクトの完了報告」など

「何が書かれているか」を示したタイトルは、そのドキュメントを読めば欲しい情報が得られそうか、ひいては、そのドキュメントを読むかどうかを判断する材料になります。タイトルを手掛かりにして、そのドキュメントの内容に当たりを付けられます。

タイトルは、ドキュメントで「何が言いたいか」を示すこともあります。書籍で言えば、『伝え方が9割』、『イシューからはじめよ』などが例です。このようなタイトルは、ドキュメント全体で何が言いたいのかを端的に示します。

「何が言いたいか」を示したタイトルは、そのドキュメントの要点を掴む手掛かりになります。要点を掴んだ上で読み進めれば、内容が頭に入りやすくなります。

サブテーマを示す見出し

タイトルがドキュメント全体のテーマを示しているのに対して、見出しは、ドキュメントを構成する各見出しの中のサブテーマを示しています。サブテーマとはつまり、タイトルと同じく、「何が書かれているか」あるいは「何が言いたいか」です。

「何が書かれているか」を示した見出しは、その見出しの本文を読むかどうかを判断する手掛かりになります。たとえばマニュアルであれば、「機能の概要」、「操作手順」、「トラブルシューティング」などの見出しが挙げられます。見出しを手掛かりにして、ドキュメントの中で必要な部分だけを読むことができます。

「何が言いたいか」を示した見出しは、その見出しの本文の要点を掴む手掛かりになります。本書の見出しもそうなっているはずです。見出しから要点を掴みながら読むことで、内容が頭に入りやすくなります。さらには、途中で次の見出しへと読み飛ばすこともできます。

タイトルや見出しを補足するリード文

　タイトルや見出しの直後に置かれる文は、「リード文」と呼ばれ、本文に何が書かれているかや、本文で何が言いたいかを示しています（図2－4）。タイトルや見出しを補足して、読み手を本文へと導く役割があります。また、見出しのリード文には、前の見出しとのつながりを良くする役割もあります。

図2－4　タイトルや見出しの直後に置かれるリード文

タイトルや見出しから十分な情報を得られない場合は、リード文を手掛かりにして、本文の内容に当たりを付けたり、要点を掴んだりできます。なお、タイトルや見出しに十分な情報が含まれている場合には、リード文は無いこともあります。

1つの話題を示すパラグラフ

パラグラフは、1つの話題を示しています。見出しの中が小さな話題に分かれ、それぞれの話題がパラグラフで述べられています。パラグラフの切り替わりから、話題の切り替わりがわかります。

話題とはつまり、「言いたいこと」と「理由や説明」の組み合わせです。適切に書かれたドキュメントは、「言いたいこと」とパラグラフが1対1に紐付いています。パラグラフごとに1つの言いたいことがある、というわけです。

図2-5 パラグラフは「言いたいこと」と「理由や説明」の組み合わせ（再掲）

パラグラフごとの「言いたいこと」を掴みながら読むことが、文章から効率良く情報を得るコツです。「言いたいこと」と「理由や説明」に分けて文章を読むことで、文章の論理を素早く読み解けます。あるいは、言いたいことがわかれば、途中で次のパラグラフへと読み飛ばすこともできます。

　なお、パラグラフと似た概念に「段落」がありますが、ドキュメントで主に使われるのはパラグラフです。パラグラフの和訳が段落で、改行で区切られた文のかたまりという点では両者は同じです。ですが、かたまりの中身は両者で異なります。段落は何を1段落にまとめるかの自由度が高く、小説や随筆に向きます。対して、パラグラフには「話題のひとまとまりを1つのかたまりにする」というルールがあります。パラグラフを用いると複雑な情報を整理しやすく、ドキュメントのような実用文に向いています。

パラグラフで言いたいことを示す中心文

　パラグラフごとの「言いたいこと」を示すのが、中心文です。英語ではTopic Sentenceと呼ばれます。「パラグラフごとに1つの言いたいことがある」とさきほどお話ししました。つまり、パラグラフごとに1つの中心文があるということになります（言いたいことが複数の文に分けて書かれることもあります）。

　文章を読むときには、この中心文を意識します（図2－6）。そうすることで、「言いたいこと」とその「理由や説明」に分けて読むことができ、内容が頭に入りやすくなります。なお、「言いたいこと」を述べる中心文に対して、「理由や説明」を述べる文は支持文（英語ではSupport Sentence）と呼ばれます。「言いたいこと」への理解を支える文というわけです。

　ちなみに、本書のテーマは論理学ではないので余談ですが、「言いたい

図 2 − 6 中心文を意識して読む

こと」に対する「理由」が事実かどうかに着目すると、論理が成り立たない文章を見破れます。理由は、誰もがそうだと思えるもの（客観的な事実）でなければなりません。非論理的な文章では、「○○だと思うから」のように、理由が意見になっていて、事実になっていないことがあります。書き手の立場に立つときは、「言いたいこと」に対する理由には、客観的な事実を書くことを意識しなければなりません。

　話を戻します。ここまで、ドキュメントの階層構造を形作る5つの要素を解説しました。ドキュメントを階層構造として捉え、これらの要素を手掛かりにすることで、ドキュメントを効率良く読み進めることができます。

　さて、ドキュメントの階層構造を理解したところで、ドキュメントの読み方の話に入っていきましょう。まず、「辞書形式」と「読み物形式」という、ドキュメントの2つの形式を説明します。そのどちらの形式なのかによって、ドキュメントの読み方が異なるからです。

2-3 辞書形式と読み物形式で読み方が異なる

　ドキュメントには、大きく分けて辞書形式と読み物形式の2つの形式があります。そのどちらなのかによって、ドキュメントを読む目的が異なります。目的が異なれば、読み方も異なります。

辞書形式のドキュメントは読む目的が明確

　辞書形式のドキュメントとは、何か特定の情報を調べるために読むことを想定したドキュメントです。わからないことを調べたり、知りたい情報を得たりすることが、読み手にとっての目的です。<u>マニュアルや仕様書などの説明型のドキュメントは、辞書形式を取ることが多いでしょう</u>。

　辞書形式のドキュメントを読むときは、たいていの場合、何が知りたいのかハッキリしているはずです。「シェルで使うコマンドのオプションを知りたい」と思ってマニュアルを開いたり、「開発中の機能の画面遷移を知りたい」と思って仕様書を開いたり、といった具合です。

　そして、知りたい情報を探すためのキーワードもはっきりしています。「シェルで使うコマンドのオプションを知りたい」場合であれば、コマンド名をキーワードにしてマニュアルから該当の情報を探すでしょう。「開発中の機能の画面遷移を知りたい」のであれば、「画面遷移」をキーワードにして仕様書にあたるはずです。ドキュメントに検索の機能があれば、検索も積極的に活用します。

　さらには、読む目的がハッキリしているので、その目的が達成される条件、つまりゴールも明らかです。「シェルで使うコマンドのオプション

を知りたい」場合であれば、オプションの情報がわかれば目的達成です。「開発中の機能の画面遷移を知りたい」のであれば、画面遷移に関する情報を得られれば目的達成です。

読み物形式のドキュメントは読む目的が曖昧

　読み物形式のドキュメントとは、流れに沿って最初から順に読むことを想定したドキュメントのことです。**報告型や説得型のドキュメントは、読み物形式になることが多いでしょう**。また、説明型のドキュメントの中でも、初心者向けのチュートリアルは読み物形式にあたります。本書もその1つでしょう。

　読み物形式のドキュメントを読むときは、たいていの場合、目的が曖昧です。あるいは、目的はある程度はっきりしていても、どこから手を付けていいのかわからないほど多岐にわたっていたりします。たとえば技術ブログを読むときは、何か明確な目的を持って読むというより、タイトルから興味を持って深く知ろうと読み始めるようなケースが多いはずです。本書を手に取っていただいた方も、「ドキュメントをうまく書けない」というぼんやりとした課題感を持った方や、「明確な課題感は特に無いけれど、うまく書けているか自信が無いので体系的に学びたい」というモチベーションの方が多いと思います。

　目的が曖昧なので、そのゴールも曖昧です。ですから、ドキュメントの流れに沿った受動的な読み方をすることが多いはずです。そして、ドキュメントを読み終えたとき、または途中でも十分な情報を得て満足したとき、あるいは飽きて別のことをしたくなったとき（書き手としては悲しいですが）がゴールです。

　このように、辞書形式と読み物形式のドキュメントでは、読む目的も読

み方も異なります。読み方が異なることを前提にして、形式ごとにドキュメントの読み方を理解していきましょう。

2-4 辞書形式のドキュメントは当たりを付けながら読む

　辞書形式のドキュメントは、必要な情報の在り処に当たりを付けながら読みます。何が知りたいかがハッキリしているので、必要な情報さえ得られれば、目的達成です。当たりを付けながら読むことで、本文を読む量を最小限にして、ドキュメントから必要な情報を効率良く得られます。

　その当たりを付ける手掛かりになるのが、タイトルと見出しです。両者を手掛かりにした読み方を、あなたが業務マニュアルを読むときを想像して確認していきましょう。

　さて、あるソフトウェア開発チームに配属されたエンジニアのあなたは、プログラムの実装を始めるにあたって、コーディングのガイドラインを確認しておくことにしました。そこで、チームの業務マニュアルを開いて、

コーディングのガイドラインに関する説明を探します。なお、ここでは社内Wikiを使った業務マニュアルを想定しています。

あなたならどうするでしょう？情報を探す主な手段には、目次から探す方法と、検索して探す方法の2つがあるでしょう。もちろん、業務マニュアルを最初から最後まで通して読む必要はありません。すべての業務を担当するわけではないでしょうから、直近の業務で必要な説明だけを読みます。残りの説明は、必要になったときにあとで読めばいいのです。

では、目次から探す場合と、検索して探す場合のそれぞれについて、業務マニュアルの読み進め方を確認しましょう。

タイトルから全体の内容に当たりを付ける

まず、目次を辿って説明を探すケースを考えてみましょう。業務マニュアルの目次を開くと、たとえば次のようなページタイトルが並んでいます。

> **業務マニュアルの目次の例**
> ▶ 要件定義と設計
> ▶ 開発
> ▶ テストと品質管理
> ▶ デプロイとリリース
> ▶ ドキュメンテーション
> ▶ チーム内のコミュニケーション
> ▶ プロジェクト
> ▶ 採用

コーディングに関する情報は「開発」の中にありそうだと考えて、「開

発」カテゴリーを開きます。そしてその中に「コーディングガイドライン」というカテゴリーを見つけ、それを開きます。すると、そのカテゴリーの中にJavaScriptと、HTML、CSSのガイドラインがあるようでした。「これだ」と思い、JavaScriptのガイドラインから順に読んでいくことにしました。

業務マニュアルの目次の例（展開）
- ▶ 要件定義と設計
- ▼ 開発
  - 開発環境の構築
  - 使用するプログラミング言語とツール
  - ソースコード管理とバージョン管理
  - ▼ コーディングガイドライン
    - JavaScriptコーディングガイドライン
    - HTMLコーディングガイドライン
    - CSSコーディングガイドライン
  - セキュリティガイドライン
- ▶ テストと品質管理
- ▶ デプロイとリリース
- ▶ ドキュメンテーション
- ▶ チーム内のコミュニケーション
- ▶ プロジェクト
- ▶ 採用

次に、検索して説明を探すケースを考えてみましょう。検索ボックスに「コーディング　ガイドライン」と入力して検索すると、たとえば次のよ

図2−7 検索結果の例

「コーディング　ガイドライン」の検索結果

JavaScriptコーディングガイドライン
この文書はJavaScriptで**コーディング**する際に従う**ガイドライン**を…

HTMLコーディングガイドライン
この文書はHTMLを書く際に従う**ガイドライン**をまとめています。こ…

CSSコーディングガイドライン
この文書はCSSを書く際に従う**ガイドライン**をまとめています。この…

使用するプログラミング言語とツール
…JavaScriptを使う場合は、以下の**ガイドライン**を参照してくださ…

うな検索結果が表示されます（図2−7）。

　JavaScriptと、HTML、CSSのそれぞれのガイドラインが検索結果に出ます。「これだ」と思い、まずJavaScriptのガイドラインから開いて読んでいくことにしました。

　このように、タイトルを手掛かりにして、欲しい情報が書かれたページに当たりを付けられます。そうすることで、長大な業務マニュアルの中から必要なページだけを読むことができます。目次を使う場合と、検索を使う場合のどちらにしても、タイトルはページの内容に当たりを付けるための重要な手掛かりになります。

見出しからその内容に当たりを付ける

　さて、欲しい情報がありそうだとタイトルから判断して、いざページの中を読み進めたとしても、隅から隅まですべて読む必要はありません。必

要な情報が書かれた部分だけを読みます。それ以外は、必要になったときに読めばいいわけです。

　そこで、本文を読む前に、まずは見出しだけを眺めます。そして、それぞれの見出しの中身に当たりを付けて、中身を読む見出しを選びます。たとえば、「JavaScriptコーディングガイドライン」には次のような見出しが並んでいます。

アウトラインの例
■ コードの可読性を高める
　● 命名規則
　● コメント
　● インデントと改行

■ コードの再利用性を高める
　● 関数とクラスの設計
　● コードのモジュール化

■ エラーハンドリングを行う
　● 例外処理
　● 適切なエラーメッセージ
　● エラーログの記録

■ セキュリティを確保する
　● XSS対策
　● CSRF対策

見出しだけをざっと見て、ページの全体構成を把握します。そして、それぞれの見出しから、その内容に当たりを付けます。この例の見出しからは、目的に紐付けて規約を確認できます。直近では設計の業務に携わる予定はないので、「コードの再利用性を高める」以外の項目だけを読んでおくことにしました。

　このように、見出しを手掛かりにして、欲しい情報が書かれた項目に当たりを付けられます。そうすることで、ページの中から必要な項目だけを選んで読むことができます。読む量を最小限に抑えられ、目的の情報を効率良く得られます。

　さて、ドキュメントを読む流れをざっと見てきましたが、ここで皆さんに注目してもらいたいのが、読み手の視点から見たタイトルと見出しの役割です。普段からドキュメントを読んでいる皆さんからすれば、ここまででお話しした流れは当たり前に感じられたかもしれません。そんなこといつもやってるよという方もいるでしょう。ですが、**読むときは当たり前のことでも、書くときになると、途端にタイトルや見出しへの意識がおろそかになりがちなのです。**

考察：具体的なタイトルと見出しが探しやすさにつながる

　このように辞書形式のドキュメントを読む流れを読み手の立場から想像してみると、読み手が「当たりを付ける」手掛かりになるために、タイトルと見出しの名前は、内容をできるだけ具体的にイメージできるものでなくてはならないことがわかります。実際の内容よりも、狭すぎても、広すぎてもいけません。

　実際の内容より名前が狭すぎると、欲しい情報がそのドキュメントにあると判断できず、読み手はドキュメントに辿り着けません。懸命に書いた

ドキュメントに読み手が辿り着けないのは、もったいないことです。

逆に実際の内容より名前が広すぎると、不必要な人にドキュメントを読ませることになり、良いドキュメントの1要素である「効率良く理解できる」ことを阻害します。ドキュメントは「必要な人だけに、必要な情報だけが届く」ことを目指します。読み手の目を惹くために誇大な名前を付けることは、ドキュメントでは厳禁です。

考察：情報の構造化が探しやすさにつながる

また、タイトルと見出しを工夫するだけでなく、情報を階層構造に整理することも大切だとわかります。今回の情報探索では、「開発」→「コーディングガイドライン」→「JavaScriptコーディングガイドライン」と、カテゴリーからページまで辿っていきました。さらにページの中でも、「コードの可読性を高める」→「命名規則」のように見出しを辿りました。**読み手の情報探索は、点ではなく線なのです。線の動きを可能にしているのは、情報の構造化です。**

情報を適切に分解して構造化することが、情報の探しやすさにつながります。全体から部分へ、概要から詳細へと情報が適切に分解されていることで、読み手は目的の情報へと一直線に辿り着けるようになります。

2-5 読み物形式のドキュメントは要点を掴みながら読む

　読み物形式のドキュメントは、要点を掴みながら読みます。「読み物形式のドキュメントは読む目的が曖昧」の項でお話ししたとおり、読み物形式のドキュメントは最初から順に読んでいくことが多いでしょう。とはいえ、すべてを読む必要はありません。要点を掴みながら読むことで、効率良く読み進められます。

　要点を掴む手掛かりになるのが、リード文と、見出し、中心文です。これらを手掛かりにした読み方を、読み物形式のドキュメントの1つである本章を例にして確認していきましょう。今まさに読んでいただいている章ですので、読み手の視点を持ちやすいはずです。見出しのとおり、本章のテーマは「ドキュメントの読み方を理解する」ことです。

リード文から全体の概要を掴む

　まずはリード文から、本章に書かれていることの概要を掴みます。本章のリード文では、本章のテーマ、目的、この先の話の進み方、の3つを掴めます。目指すゴールと、そこに向けた道筋を掴んだ上で読み進めれば、内容が頭に入りやすくなるはずです。

　本書はドキュメントを「書く」ことがメインテーマですが、本章ではいったん書くことから離れて、「読む」ことをテーマにします。あなた自身が読み手の立場になったときのことを想像して、

テーマ

読み手の視点からドキュメントを眺めてみましょう。ドキュメントの階層構造と、その中で「タイトル・見出し・リード文・パラグラフ・中心文」の5つの要素が持つ役割を意識しながら、ドキュメントから効率良く情報を得るための方法を理解していきます。 ⎤
　　
　ドキュメントの階層構造を理解することは、ドキュメントを効率良く読むために役立ちます。そして、ドキュメントを書くためにも欠かせません。本書をお読みの皆さんの中には、階層構造を意識せずに「何となく」で書いてきた方も多いはずです。階層構造の中で上記の5つの要素が組み合わさって適切に機能することで、ドキュメントから読み手が効率良く情報を得られるようになるのです。⎬ 目的

　そこで本章では、まずドキュメントが持つ階層構造を説明します。そして、ドキュメントの読み方を理解することを通じて、階層構造を形作る5つの要素の役割を、読み手の立場から確認します。さらにそこから、ドキュメントを書くにあたって書き手として意識すべきことを考察していきます。⎬ 話の進め方

見出しからその中身の要点を掴む

　さて、リード文のあとは本文へと読み進めたいところですが、いきなり

本文を読むことはおすすめしません。

　その前に、見出しだけを眺めて、全体のあらすじを掴みます。この全体のあらすじを「アウトライン」と呼びます。あらすじを掴んだ上で読み進めることで、本文の内容を理解しやすくなります。たとえば、本章のアウトラインを書き出してみます。アウトラインだけを読めば、本章に書かれていることをザックリと掴めるはずです。

- 階層構造を理解すると効率良く読める
- ドキュメントは階層構造を持つ
    - 全体のテーマを示すタイトル
    - サブテーマを示す見出し
    - タイトルや見出しを補足するリード文
    - 1つの話題を示すパラグラフ
    - パラグラフで言いたいことを示す中心文
- 辞書形式と読み物形式で読み方が異なる
    - 辞書形式のドキュメントは読む目的が明確
    - 読み物形式のドキュメントは読む目的が曖昧
- 辞書形式のドキュメントは当たりを付けながら読む
    - タイトルから全体の内容に当たりを付ける
    - 見出しからその内容に当たりを付ける
    - 考察：具体的なタイトルと見出しが探しやすさにつながる
    - 考察：情報の構造化が探しやすさにつながる
- 読み物形式のドキュメントは要点を掴みながら読む
    - リード文から全体の概要を掴む
    - 見出しからその中身の要点を掴む
    - 中心文からパラグラフの要点を掴む

> ○ 考察：「要点を先に」が読みやすさにつながる
> ○ 考察：情報の構造化がわかりやすさにつながる
> ● まとめ

　本文を読むときにも、まず見出しから「言いたいこと」を掴んだ上で読みます。「言いたいこと」がわかり、納得が得られたら、その時点で次の見出しへと読み飛ばすこともできます。

中心文からパラグラフの要点を掴む

　あらすじを掴んだあとは、いざ本文へと進みます。ですが、ここでもまた、ただ漫然とすべての本文を読むことはおすすめしません。

　階層構造の説明でお話ししたとおり、「言いたいこと」を述べた文（中心文）を意識しながら読むことが、文章から効率良く情報を得るコツです。その「言いたいこと」が、パラグラフの要点です。「言いたいこと」と「その理由や説明」に分けて読むことで、内容を理解しやすくなります。

　最低限、「言いたいこと」を述べた文だけ読めば本文の内容を理解できます。例として、本章の「階層構造を理解すると効率良く読める」の節を抜き出します。本文のうち、「言いたいこと」を述べた文だけを太字にしています。この太字にした文だけを読んでみてください。それだけを読んでもつながり、見出しの中で言いたいこと（階層構造を理解すると効率良く読める）へとつながっていることがわかります。

> 階層構造を理解すると効率良く読める
> 　**ドキュメントの階層構造を理解すると、ドキュメントから効率良く情報を得られるようになります。**なぜなら、自分が必要とする情報がドキュメントのどこにあるか当たりを付けられるようになるからです。そして、要点を掴みなが

> らドキュメントを読めるようにもなるからです。探すのが速くなる、理解が速くなる、とも言い換えられます。
> 　**ドキュメントの階層構造を理解すると、自分が必要とする情報がドキュメントのどこにあるか当たりを付けられるようになります。**いきなりドキュメントの本文を読むのではなく、タイトルや見出しなどを手掛かりにして、欲しい情報がどこにあるか当たりを付け、そこだけを読めるようになります。読む量を最小限に抑えられ、効率良く情報を得られます。
> 　**ドキュメントの階層構造を理解すると、要点を掴みながら読めるようにもなります。**ただ漫然と読むのではなく、ドキュメント全体で何を言いたいのか、見出しの中で何を言いたいのか、パラグラフの中で何を言いたいのかを意識して読みます。要点がわかり、それに対して十分に納得を得られれば、次のパラグラフ、次の見出しへと読み飛ばすこともできます。そうすれば、やはり読む量を最小限に抑えられ、効率良く情報を得られます。抜き出した要点をメモしておけば、記憶にも残りやすくなります。

　このように、「言いたいこと」を述べた文から各パラグラフの要点を掴みながら読むことで、ドキュメントから効率良く情報を得られます。要点を掴んで納得を得られたら、その時点で次のパラグラフへと読み飛ばすこともできます。

考察:「要点を先に」が読みやすさにつながる

　読み物形式のドキュメントを読む流れをこのように辿ってみると、書き手としては要点を先に伝えることが大切だとわかります。1章では、「残念ながらほとんどの読み手は最後まで読んでくれません。」とお話ししました。その現実を前提として、言いたいことを優先して伝えていく工夫が書き手には求められます。

　要点を先に伝えることで、読み手は本章で何度も出てくる「読み飛ばし」ができるようになります。さらに、言いたいことがわかった上で読むので理解も早まります。今回の読み方でも、本文をほとんど読まずに要点だけ

を先に掴むことができました。

　タイトルや冒頭のリード文は、ドキュメント全体の要点を掴む手掛かりになります。たとえば本章のリード文では、言いたいこと（読み手の視点で考えること、ドキュメントの階層構造を理解することが大切だ）を示した上で、合わせてこの先の話の流れを示し、読み手を本文へと導いています。

　そして見出しは、見出しごとの要点を掴む手掛かりになります。たとえば本章でも、見出しだけであらすじを掴めるようになっています。端的かつ多くの情報量を含んでいるのが、良い見出しです。<u>マニュアルであれば、たとえば「注意」より「削除したファイルは復元できません」のほうが、より良い見出しでしょう</u>。見出しだけで言いたいことが伝わります。

　さらに中心文は、パラグラフごとの要点を掴む手掛かりになります。本章でも、中心文だけで言いたいことを掴めるようになっています。加えて、中心文は基本的にパラグラフの冒頭に置かれています。そうすれば、読み手は要点を先に掴めるようになります。

　これらのタイトル・見出し・リード文・パラグラフ・中心文の役割をきちんと意識すると、自ずと要点を先に書くことになります。ドキュメントは、効率良く情報を伝えるために理に適った構造になっているわけです。ドキュメントの階層構造を理解することは、ドキュメントを効率良く読むだけでなく、良いドキュメントを書くことにもつながります。

考察：情報の構造化がわかりやすさにつながる

　読み物形式のドキュメントを読む流れからもう1つわかることは、情報を階層構造に整理することが、わかりやすさにつながるということです。さきほど「情報の構造化が探しやすさにつながる」とお話ししましたが、情報の構造化は、わかりやすさにもつながります。

本章は、読者の皆さんに「ドキュメントの階層構造」を理解していただくために、その階層構造に沿って説明が展開されています。ドキュメントの階層構造が、タイトル・見出し・リード文・パラグラフ・中心文の5つの要素に分解され、その構造に沿って見出しの構成が組まれています。それぞれの役割を理解してから、要素同士の関係を読み手の立場から理解していく構成になっています（わかりやすいと皆さんに感じていただけたことを願っています）。

図 2 - 8　本章の階層構造

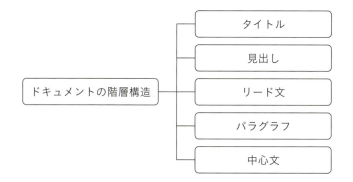

　情報を適切に分解して構造化することは、情報の探しやすさだけでなく、わかりやすさにもつながります。概念の全体像を理解し、そして概念を構成する要素を理解し、さらに要素同士の関係を理解していく。このように全体から部分へ、あるいは概要から詳細へと情報が適切に分解されていることで、読み手は思い描いた構造に沿って概念を理解していくことができるのです。

まとめ

　本章では、ドキュメントを効率良く読む方法を学んできました。本章のはじめにお話ししたとおり、これからドキュメントを書いていくにあたって、皆さんに次の意識を持っていただくことが本章の目的です。

- 読み手の視点で見ることへの意識
- ドキュメントの階層構造への意識
- 階層構造の中で5つの要素（タイトル・見出し・リード文・パラグラフ・中心文）が持つ役割への意識

　本章では5つの要素の役割を読み手の視点から確認してきましたが、書き手としては、これらの役割を意識しながらドキュメントを書くことが大切です。

　そして、情報の適切な構造化も欠かせません。情報をきちんと構造化した上で、情報のかたまりに「何が書かれているか」「何が言いたいか」のラベルを付けていくことで、読み手は効率良くドキュメントを読めるようになります。

　さっそく情報の構造化の話へと移りたいところですが、その前にやることがあります。それは「誰に何を伝えるのか」を明確にすることです。つまり、ドキュメントの目的を明確にします。目的の明確化は、情報の適切な構造化につながります。

　そこで次章では、「読み手とテーマの選定」をテーマにお話しします。情報の構造化（テーマの分解）については4章で、情報へのラベル付け（構成の設計）については5章で取り上げ、詳しくお話ししていきます。

Chapter 3

読み手とテーマを選定する

本章では、ドキュメント作りの最初のステップである、読み手とテーマの選定に焦点を当てて解説します。「選定する」とは、数ある読み手やテーマの中から、どれをターゲットとするのか選び、絞り込むということです。ボンヤリと頭に浮かんでいる読み手やテーマを、具体的でハッキリしたものに落とし込みます。

　読み手とテーマがボンヤリしたままドキュメントを書くと、ついあれも必要、これも必要、と情報を詰め込んでしまいます。良かれと思ってしたことでも、結果としては、読みづらく、また必要な情報が見つかりづらいドキュメントになってしまうことがほとんどです。そんなことにならないよう、最初の段階で読み手とテーマを絞り込んでおくのです。

　読み手とテーマを絞り込むには、まず読み手を理解しなければなりません。これから作ろうとしているドキュメントにどのような読み手が想定されるのかを確認してから、その中でターゲットとする読み手を絞り込みます。そこで本章では、「読み手の知識レベル」、「読み手の目的」、「読み手の立場や役割」という、読み手を理解するための3つのポイントをお話しします。さらに、これらの3つのポイントを読み手とテーマの絞り込みへとつなげていく過程についてもお話ししていきます。

読み手のことかあ。正直「書かなきゃいけないこと」に気をとられて、あんまり考えたことなかったです。

大事ですよ！この前、デザートが食べたくて「レディースセット」を頼んだら、なぜかからあげが半分の量になって出てきて悲しかったです。

なんかちょっと違うような…。

3-1 読み手に合わせたドキュメントにするために

　唐突ですが、皆さんは普段ドキュメントの内容をどのくらい読んでいるでしょうか。もちろんドキュメントの内容によりますが、おそらく2割程度でしょう。1章で紹介したヤコブ・ニールセン博士の調査でも、人はページ内の2割〜3割程度しか読まないことが示されています。この2割という数字は、80対20の法則としても知られるパレートの法則とも一致します。

　ドキュメントは、多くの情報が詰め込まれ、複雑になりがちです。ドキュメントは情報が多いほどより多くの人に役立つ、と思い込んでいる方も多いと思います。ですが、多くの場合、その結果は期待と真逆です。**闇雲に情報を増やすと、読みづらく、また必要な情報が見つかりづらくなり、読まれないドキュメントへと陥っていきます。**

プロダクト開発に似ていると思われた方もいるかもしれません。プロダクトに機能を追加しすぎることによる複雑化は、「フィーチャークリープ」と呼ばれます。プロダクトに闇雲に機能を増やすと、複雑でわかりにくく、使われないプロダクトへと陥っていきます。プロダクトにもまた、機能の8割はほとんどまたはまったく使用されていないという調査結果があるようです*。

なお、8割の情報は不要と言いたいのではありません。多くの場合ドキュメントには多数の読み手がいて、必要な情報は読み手によって異なります。AさんにはAさんの2割が、BさんにはBさんの2割があるのです。そのことを前提にして、ドキュメントは必要な情報だけを探して読めるようにできています（2章の話を思い出してください）。

必要なのは、読み手とテーマをできるだけ絞り込むということです。読み手とテーマを絞り込むことには、次のメリットがあります。

- ドキュメントの構成がシンプルになる。
- 読み手に合わせた構成を組めるようになる。
- 読み手に合わせた粒度で説明できるようになる。

1つめのメリットは、ドキュメントの構成がシンプルになることです（図3-1）。**構成がシンプルになると、読み手は必要な情報を探しやすくなります**。たとえば、プロダクトのマニュアルの中から、トラブルシューティングだけにテーマを絞り込むことで、構成がシンプルになります。

---

* The 2019 Feature Adoption Report
https://www.pendo.io/resources/the-2019-feature-adoption-report/

図3 - 1 構成がシンプルになる

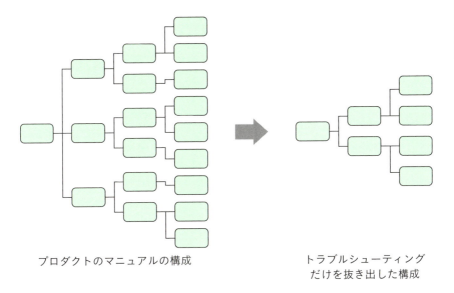

プロダクトのマニュアルの構成　　　トラブルシューティング
　　　　　　　　　　　　　　　　　だけを抜き出した構成

　2つめのメリットは、読み手に合わせた構成を組めるようになることです（図3-2）。たとえば同じプロダクトのマニュアルでも、読み手の目的に応じた構成があります。機能の使い方を知ることが読み手の目的であれば、機能別に構成を組むのが適切です。一方で、自分の目的を達成する方法を知ることが読み手の目的であれば、用途別に構成を組むのが適切です。このように、**読み手を目的で絞り込むことで、読み手に合わせた構成を組めるわけです**。

図3-2 読み手に合わせた構成になる

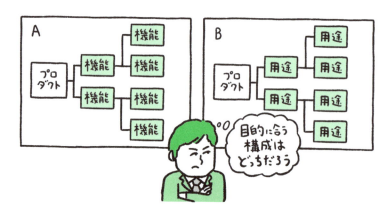

　3つめのメリットは、読み手に合わせた粒度で説明できるようになることです。普段誰かと話すときは、意識せずとも相手に合わせて伝え方を変えているでしょう。たとえば、開発中のプロダクトの仕様を説明する際にも、開発チームの人に説明するときと比べて、ビジネス部門の人に説明するときには技術的な専門用語をなるべく減らすなど無意識に工夫すると思います。しかしながら、ドキュメントのような不特定多数を相手にしたコミュニケーションでは、その工夫が抜けがちです。**読み手を知識レベルで絞り込むことで、専門用語をどの程度使うか、用語の解説を入れるか、どのような喩えを使うかなど、説明を読み手に合わせられるようになります。**

3-2 ドキュメントの目的を明確にする

　ドキュメント作りの最初のステップは、ドキュメントの目的を明確にすることです。目的とは、「誰に何を伝えるのか」ということです。1章では、小説や随筆と比べたドキュメントの特徴として、「ドキュメントには目的がある」という点を挙げました。ドキュメントはその種類に応じて、プロダクトの仕様を説明する、調査の結果を報告する、意見やアイデアを伝えて関係者を説得する、などといった目的を持ちます。ドキュメントを作り始める前に、まずはその目的をできるだけ明確にすることから始めます。

　ドキュメントを書くとき、その目的はすでに頭にあることが多いでしょう。プロダクトの開発が始まれば、開発チームに仕様を伝えるために、仕様書を書く必要に迫られます。そしてプロダクトができてきたら、その使い方を利用者に伝えるために、マニュアルを書く必要に迫られます。目的が何も無ければ、ドキュメントを書こうとはそもそも思っていないはずです。

　ただし、その時点では目的がまだボンヤリしていると思います。これから書くドキュメントにはどのような読み手が想定されるのか、その中で誰をターゲットとするのか、その読み手に対して何を伝えようとしているのかが不明瞭な状態です。

　目的がボンヤリしたまま書き始めてしまうと、ついあれもこれもと情報を詰め込んでしまうのは、先にお話ししたとおりです。結果、読みづらく、わかりづらいドキュメントになってしまいます。さらに、ドキュメントの構成や、説明の粒度も、読み手に合わないものになりかねません。

そうならないよう、ドキュメントの目的、つまり「誰に」「何を」伝えようとしているのかを最初にハッキリとさせておきます。それは、ドキュメントの目的を読み手とテーマの両面からできるだけ絞り込む、ということです。

図3-3　ドキュメントの目的を最初にハッキリさせておく

誰に伝えるのか（読み手）

　これから書き始めるドキュメントには、どのような読み手が想定されるでしょうか。
　マネージャーに向けた報告書のように読み手が1人のドキュメントもありますが、ほとんどの場合、ドキュメントにはさまざまな読み手がいます。プロダクトのマニュアルを例にとっても、知識レベルの面では初心者・上級者などが、役割の面では導入担当者・システム管理者・一般ユーザー・サポートデスクなどが読み手として考えられます。あるいは、プロダクトの仕様書でも、プログラマー・デザイナー・テストエンジニア・サポートメンバーなど複数の読み手が想定されます。

このようにいくつも想定される読み手の層の中から、ターゲットにする層を絞り込みます。たとえばプロダクトのマニュアルであれば、「プロダクトを導入したい、初心者のシステム管理者」をターゲットとします。

図3-4　読み手を絞り込む

何を伝えるのか（テーマ）

さらに、テーマも絞り込みます。ドキュメントを書こうとする時点で、テーマはある程度決まっているはずですが、たいてい初めはテーマがぼんやりしています。たとえば「プロダクトの使い方を伝える」のような具合です。これではテーマが広すぎて、ドキュメントが大きく、複雑化してしまいます。

読み手を絞り込むと、テーマも絞り込みやすくなります。**「プロダクトを導入したい、初心者のシステム管理者」のように読み手を絞り込めば、たとえば「各機能の概要と導入手順を伝える読み物形式のドキュメント」のようにテーマを絞り込めます**。

このように読み手とテーマがはっきりすると、ドキュメントに盛り込む

図3-5 テーマも絞り込む

情報を選びやすくなります。さらには、ドキュメントの構成や説明の粒度を読み手に合わせやすくなります。

3-3 読み手を理解する

　さて、さっそく読み手から絞り込んでいきたいところですが、その前にまずは、これから作るドキュメントに想定される読み手を知ることから始めましょう。ドキュメント作りもプロダクト開発も、ユーザーを知ることから始まります。どのような読み手がいるのか理解してから、その中からターゲットを絞り込みます。

　読み手をイメージしやすい社内向けドキュメントにも、意外と多くの読み手がいるものです。プロダクトの仕様書にも、プログラマー・デザイナー・テストエンジニア・サポートメンバーなどさまざまな読み手が想定

されます。業務マニュアルの読み手も、チームに加わったばかりの人、担当業務について一通り知りたい人、特定の作業の手順を知りたい人などさまざまです。

　まして、不特定多数の読み手が想定される社外向けドキュメントでは、どんな人が読み手なのかイメージしづらいでしょう。書き手の想像で読み手のイメージを作り上げてドキュメントを書いてしまうことになりがちです。

　読み手を理解するためのポイントは、次の3つです。

- 読み手の知識レベルを理解する
- 読み手の目的を理解する
- 読み手の立場や役割を理解する

読み手の知識レベルを理解する

　ドキュメントで扱うテーマに関する読み手の知識レベルを理解します。プロダクトのマニュアルを例にしても、プロダクトを初めて使う初心者と、ある程度使い慣れた人では、必要な情報は当然異なります。社内向けの報告書を例にしても、チーム内に向けたものと、経営層などチーム外に向けたものとでは、必要な説明の粒度が異なります。

　エンジニアが主に関わるドキュメントでは、「知識」を次の3つに分類できます。

- プロダクトに関する知識
- 技術に関する知識
- 業務に関する知識

1つめは、プロダクトに関する知識です。エンジニアが関わるドキュメントには、プロダクトに関連するドキュメント（仕様書やマニュアルなど）が多いでしょう。**各機能の概念や、用語、操作方法**を読み手がどの程度理解しているかを確認します。

2つめは、ドキュメントの理解に必要な**技術的知識**です。エンジニアが関わるドキュメントには、技術的な要素を含むものが多いはずです。ソフトウェアのマニュアルであれば、クリックやドラッグといったPCに関する基本操作への理解や、アカウントやアクセス権といったソフトウェアの基本的概念への読み手の理解を確認します。APIドキュメントであれば、プログラミングに関する理解や、RESTやGraphqlといったAPIアーキテクチャへの読み手の理解を確認します。

3つめは、ドキュメントの理解に必要な、**業界・業種・業務に関する知識**です。ドメイン知識とも呼ばれます。会計ソフトウェアのマニュアルを例にすると、プロフェッショナル向けのツールであれば会計業務に関する一通りの知識を期待できます。一方で、一般のユーザーの利用もあれば、会計に関する読み手の知識不足も想定されます。

「知識」をこれらの3つに分類すると、ひとくちに「初心者」といっても、たとえば次のようにより具体化できます。このように具体化することで、読み手に合わせた説明がしやすくなります。

- プロダクトに関する知識：初心者
- 技術に関する知識：上級者
- 会計業務に関する知識：初心者

読み手の目的を理解する

　読み手がドキュメントを読む目的を理解します。本章は「誰に何を伝えるか」という書き手の目的がテーマですが、一方で、読み手にもドキュメントを読む目的があります。プロダクトのマニュアルであれば、「導入方法を知りたい」、「エラーへの対処方法を知りたい」などです。仕様書であれば、「○○機能の仕様を知りたい」、「データの入出力の仕様を知りたい」などが読み手の目的になるでしょう。その目的を達成することが読み手のゴールです。

　読み手の目的は、できるだけ具体的に理解します。「プロダクトの使い方を知りたい」ではなく、「導入方法を知りたい」、「エラーへの対処方法を知りたい」、「アップデートでの変更点を知りたい」のように、プロダクトのユーザーが何を知りたいのか一歩踏み込んで具体的に理解していきます。

図3-6 「プロダクトの使い方を知りたい」を具体化する

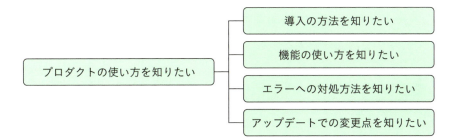

読み手の立場や役割を理解する

　組織で利用するドキュメントの場合、複数の立場の読み手がいることが多いでしょう。プロダクトの仕様書であれば、プログラマー、テストエンジニア、デザイナーなどです。企業向けのプロダクトでは、マニュアルの読み手にも、システム管理者や一般利用ユーザーなど複数の立場が想定されます。

　そして、読み手の立場によって必要な情報が異なります。たとえば、プロダクトの仕様書に対しても、プログラマーとデザイナーでは求める情報が異なるはずです。また、マニュアルでも、システム管理者向けには管理者視点での説明が求められ、一般利用ユーザー向けとは必要な説明が違います。

　そのような場合は、組織の中での読み手の立場や役割を確認します。立場や役割とは、次のようなものです。

- プログラマー、テストエンジニアとデザイナー
- 導入担当者、システム管理者と一般利用ユーザー
- マネージャー（承認者）とチームメンバー

3-4　読み手を理解するための情報源

　ここまで、読み手を理解するためのポイントをお話ししてきましたが、理解のための情報はどこから得ればいいのでしょうか。

関係者にヒアリングする

一番シンプルな方法は、関係者にヒアリングすることです。わからなければ聞くのが手っ取り早いでしょう。ここでの「関係者」には、実際の読み手と、読み手に多く接する機会がある人がいます。

社内向けのドキュメントであれば、読み手が近くにいるのでヒアリングしやすいでしょう。ドキュメントを読む機会がありそうな人を募り、どのような知識レベルを持っているか、どのような目的でドキュメントを読むか、どのような立場・役割にあるかを聞き取ります。**特に、最近チームに加わった人は貴重な情報源です**。業務に慣れた書き手には、不慣れな人の気持ちを想像しづらいものです。

社外向けのドキュメントでも、実際の読み手に会ってヒアリングするのがベストですが、それが難しければ、読み手に多く接する機会がある人にヒアリングします。たとえば、**カスタマーサポートやカスタマーサクセスのチームが挙げられます**。これらのチームと連絡を取り、読み手の知識レベル・目的・立場や役割の3つに焦点を当ててヒアリングします。

なお、**このようなヒアリングで最も解釈がブレやすいのが知識レベル**でしょう。「初心者」「上級者」といったラベル付けは曖昧です。初心者という言葉から想像する像は、人によって違います。

読み手の知識レベルは、用語への理解を手掛かりにすると具体化しやすくなります。用語が理解の最小単位だからです。プロダクトに関する知識であればプロダクトの用語が、技術に関する知識であれば技術用語が、業務に関する知識であれば業務用語が手掛かりになります。プロダクトの用語には、機能名やオブジェクト名といった用語が、技術用語には、REST、Graphql、エンドポイント、リクエストといった用語が、業務用語には、青色申告、売上原価といった用語が例として挙げられます。

そのような用語とその概念を読み手が理解しているかどうかを確認することで、読み手の知識レベルへの理解を深めます。もちろんすべての用語への理解を確認するわけにはいきませんが、例を挙げて確認していくことで、読み手への理解が段々と深まっていきます。

お問い合わせを参照する

読み手を理解するためのもう1つの方法が、**想定される読み手からのお問い合わせを参照すること**です。カスタマーサポートや、社内であればサポートデスクに着信しているお問い合わせが挙げられます。あるいは、カスタマーサクセスチームのユーザー支援ミーティングから情報を得るのも良いでしょう。お問い合わせの内容から、読み手の知識レベル、読み手の目的、読み手の立場や役割を確認していきます。

ここでも、用語への理解を手掛かりにすると、読み手の知識レベルを具体化しやすくなります。出てくる用語を意識してお問い合わせを読むと、プロダクト、技術、業務に関する読み手の知識レベルが見えてきます。

なお、お問い合わせを参照する際には、ある程度の数をこなさないと理解が偏ります。また、お問い合わせから得られる情報は初心者からのものに偏ることが多い点にも注意が必要です。

ユーザーテストに参加する

読み手を理解するためのもう1つの方法が、プロダクトのユーザーテストに参加することです。これはプロダクトのマニュアルで有効な方法です。テストの被験者は実際のユーザーと異なりますが、それと近い被験者が選ばれることが多いでしょう。被験者の知識レベル、立場や役割は、マニュ

アルの読み手を理解するための有効な材料になります。

　ユーザーテストには、プロダクトのユーザーが躓くポイントをリリース前に確認できるメリットもあります。被験者が躓く操作には、実際のユーザーもきっと躓きます。

3-5　読み手とテーマを絞り込む

　ドキュメントに想定される読み手を確認できたら、その中からターゲットとする層を絞り込みます。合わせて、ドキュメントで伝えるテーマも絞り込みます。

　この絞り込みには、難しいジレンマがあります。なるべく多くの人に情報を伝えたいと考えると、読み手とテーマを広く取りたくなります。ですが、これらが広すぎると良いドキュメントにならないことは、これまでお話ししたとおりです。ただし、読み手とテーマが狭すぎても、やはりドキュメントの価値が小さくなってしまいます。

　要はバランスだと言ってしまえばそれまでですが、**目安は「ドキュメントの階層が4階層に収まること」**です。書籍や文書であれば、タイトル→章→節→項の4階層です。Webサイトであれば、サイト→カテゴリー→カテゴリー→ページの4階層です。4階層に収まらなければ、絞り込みを検討するべきでしょう。

　4階層に収まる場合でも、読み手によって必要な情報が大きく異なるようであれば、同じドキュメントにまとめる意味がなくなります。ドキュメントを分割し、1つのドキュメントで扱う読み手とテーマを積極的に絞り込むことをおすすめします。

図 3 - 7 　4 階層に収める

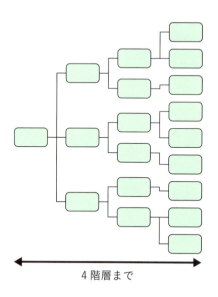

4 階層まで

読み手を絞り込む

　読み手を絞り込むためには、読み手の理解で活用した3つのポイントが切り口になります。

- 読み手の知識レベル
- 読み手の目的
- 読み手の立場や役割

　この3つを切り口にして絞り込んだ例が、「ドキュメントの目的を明確にする」の説明で挙げた「プロダクトを導入したい、初心者のシステム管理者」というターゲットです。

- 読み手の知識レベル：初心者
- 読み手の目的：プロダクトを導入したい
- 読み手の立場や役割：システム管理者

　説明型のドキュメントでは、プロダクトのマニュアルを例にすると、ほかにも**表3－1**のような絞り込みが考えられます。説明型のドキュメントは大きく複雑になりがちですが、これらの絞り込みを活用することで、構成をシンプルにできます。

表3－1　プロダクトのマニュアルの読み手を絞り込む

切り口	絞り込みの例
読み手の知識レベル	- 初心者向け - 上級者向け
読み手の目的	- プロダクトの導入手順を知りたい - 活用例を知りたい - トラブルの解決方法を知りたい
読み手の立場や役割	- システム管理者 - 事務担当者 - 一般ユーザー

　報告型のドキュメントでは、プロジェクトの進捗報告を例にすると、**表3－2**のような絞り込みが考えられるでしょう。同じプロジェクトの報告でも、読み手の立場や目的に応じて、必要な情報は異なります。読み手が経営層であれば、大局的な動きや、財務状況の把握が重視されます。一方で、チームのマネージャーであれば、チームのパフォーマンスやプロジェクトの進捗を把握して必要なアクションを取ることが目的になるでしょう。

表 3 - 2　プロジェクトの進捗報告の読み手を絞り込む

切り口	絞り込みの例
読み手の知識レベル	- チーム内向け - チーム外向け
読み手の目的	- 戦略の決定に役立つ情報を得たい - チームのパフォーマンスやプロジェクトの進捗を把握したい - 業務やプロジェクトに必要な詳細な情報を得たい
読み手の立場や役割	- 経営層 - マネージャー - 実務担当者

　説得型のドキュメントでは、プロジェクトの企画書を例にすると、表3－3のような絞り込みが考えられます。報告型と同じく、やはり読み手の立場や目的に応じて必要な情報が異なります。

表 3 - 3　プロジェクトの企画書の読み手を絞り込む

切り口	絞り込みの例
読み手の知識レベル	- チーム内向け - チーム外向け
読み手の目的	- 部門の目標や業務と一致しているかを確認したい - 予算と費用の詳細を確認したい - 技術的な要求事項や仕様を確認したい
読み手の立場や役割	- 経営層 - マネージャー - 実務担当者

このように、読み手の知識レベル・目的・立場や役割に着目すると、ドキュメントの読み手が明確になるのです。

テーマを絞り込む

読み手を絞り込めると、テーマも絞り込みやすくなります。テーマは基本的に、読み手の目的に紐付くからです。

プロダクトのマニュアルの例では、「プロダクトのユーザーに、プロダクトの使い方を伝える」とボンヤリしていたドキュメントの目的が、次のようにハッキリします。

改善前（ドキュメントの目的がボンヤリしている）

- プロダクトのユーザーに、プロダクトの使い方を伝える

改善後（ドキュメントの目的がハッキリしている）

- プロダクトを導入したい、初心者のシステム管理者に、プロダクトの導入手順を伝える
- プロダクトの利用中にエラーに遭遇したユーザーに、エラーの原因と対処方法を伝える

あるいは本書を例にすると、「エンジニアに、ドキュメントの書き方を伝える」ではドキュメントの目的がボンヤリしています。そこで、読み手を次のように絞り込みます。

- 読み手の知識レベル：初心者
- 読み手の目的：「ドキュメントの文章をうまくかけない」、「テンプ

レートに沿って何となく書いているけれど、うまく書けているか自信がない」
- 読み手の立場や役割：開発チームに属するエンジニア

すると、ボンヤリとしていたドキュメントの目的が、次のようにハッキリします。

改善前（ドキュメントの目的がボンヤリしている）
- エンジニアに、ドキュメントの書き方を伝える

改善後（ドキュメントの目的がハッキリしている）
- ドキュメントの文章をうまく書けない、または書くことに自信がないエンジニアに、情報を適切に構造化し文章に落とし込む方法を伝える

まとめ

　本章では、ドキュメント作りの最初のステップで行う、読み手とテーマの選定について学びました。読み手とテーマの選定は、「誰に何を伝えるのか」というドキュメントの目的を明確にすることにつながります。

　読み手に合わせたドキュメントにするために、読み手とテーマをできるだけ絞り込むことが大切です。そのためには、ボンヤリとした読み手の像を具体化することが必要です。本章では、読み手の知識レベルを理解すること、読み手の目的を理解すること、読み手の立場や役割を理解することの、3つのポイントを挙げました。

　これらの3つを切り口に、ドキュメントのターゲットとする読み手を絞り込みます。そして、読み手が明確になると、テーマも自ずと絞り込まれます。そうして、「誰に何を伝えるか」、つまりドキュメントの目的が明確になるのです。

　本章では、ユーザーを知ることから始まるという、ドキュメント作りとプロダクト開発の共通点もお話ししました。誰の、どのような目的（課題）を解決するのかを考えること、そしてスコープを広げすぎずに絞ることなど、ドキュメント作りの考え方はまさにプロダクト開発の考え方と同じです。そう考えると、エンジニアの方にとってドキュメント作りは身近に感じられるのではないでしょうか。

　次の章では、本章で明確にしたドキュメントの目的をもとにして、伝えるテーマを読み手に合わせて分解していきます。

Chapter 4

テーマを分解する

この章からは、ドキュメントの構成を組み立てるプロセスを学んでいきます。書き始める前に構成を組み立て、話の流れを整理します。「書く」というテーマでは、いかに読みやすい文を書くかが注目されがちです。それはもちろん大切で、本書でも7章で取り上げます。ですが、情報をわかりやすく伝えるためには、話をきちんと整理して伝えていくことのほうがより大切です。文がいくら読みやすくても、話が整理されないままでは読み手に伝わりません。皆さんも、頭の中を整理しないまま話し始めてしまい、言いたいことがうまく伝わらなかった経験があるのではないでしょうか。

　ただ、大事だとわかってはいても、ドキュメントの構成の組み立てを苦手に感じている方は多いと思います。伝えたい情報をとりあえず書き出してみながら、ああでもない、こうでもない、と、しっくりくる構成がなかなかできずに悩んだ経験が皆さんにもあるはずです。

　そこで本章では、ドキュメントの構成を組む前準備として、「テーマを分解する」ことを取り上げます。テーマから構成にいきなり跳ばず、その前にまずはテーマを小さく分解します。

　テーマの階層構造が見えてくると、ドキュメントの構成を考えやすくなります。ただし、そのためにはテーマを適切に分解することが欠かせません。テーマを「適切に」分解するとはどういうことなのか、例を通して学んでいきましょう。

ぶっ分解！？なんだか難しそう…。

 大丈夫大丈夫。魔法の分解テクニックを教えてあげよう。「なぜ」「何を」「どうやって」これだけ！

 「お腹が空いたから／オムライスを／走って買いに行ってきます！！」

 まだ10時よ！？

4-1 テーマの分解がドキュメントの適切な構成につながる

　テーマを適切に分解することが、ドキュメントの適切な構成につながります。テーマの階層構造がドキュメントの階層構造と紐付くことは2章でお話ししました。ドキュメント全体のテーマがタイトルと紐付き、サブテーマが見出しと紐付き、話題がパラグラフと紐付きます（図4-1）。

　ですから、テーマを階層構造に分解することは、ドキュメントの構成を考えるための前準備として欠かせません。テーマをきちんと整理できていれば、あとはそれを構成に反映していくだけです。この前準備には、次の効果があります。

- 論理立った構成になる
- 複雑な情報が整理される
- 情報を探しやすい構成になる

図 4 - 1　テーマの構造がドキュメントの構造に紐付く

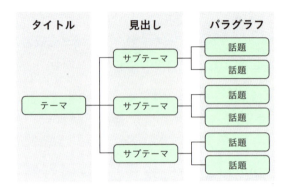

論理立った構成になる

　テーマを適切に分解できていると、ドキュメントの構成に筋道が通ります。論理立った構成になり、ドキュメントで伝えたいことに対して読み手がきちんと納得を得られるようになります。プロジェクトの企画書であれば、なぜそのプロジェクトが必要なのか、そのプロジェクトで何を目指すのか、どうやってそれを実現しようというのか、流れ良く読み手に伝えていけるようになります。

　テーマを適切に分解できていないと、読み手にして欲しいことや自分の意見など、書き手が伝えたいことだけを書いてしまうことがあります。たとえば、プロダクトのマニュアルに操作方法だけが書いてあったらどうでしょうか。そもそもどんな機能なのか、その機能を使うと何を得られるのか読み手はわかりません。

　伝えたいことをただ羅列するだけでは、論理が成り立たず、読み手の納得を得られません。テーマをあらかじめ適切に分解しておくことで、伝え

図4-2 適切な分解により話の筋道が通る

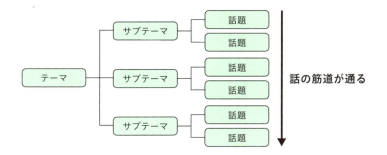

たいことに対して納得を得るための情報を織り交ぜながら、筋道を立てて読み手に伝えていくことができます。

複雑な情報が整理される

　テーマを適切に分解できていると、複雑な情報を整理して読み手に伝えられるようになります。特に、マニュアルや仕様書のように複雑な情報を伝えなければならないとき（プロダクトは往々にして複雑ですよね）は、大きく複雑な情報を小さく切り分けて、一つ一つ順序立てて読み手に伝えていくことが大切です。

　わかりやすい例でいえば、プロダクトは機能ごとのサブテーマに分解できます。まずはプロダクトの全体像を伝え、機能ごとの説明を展開し、さらに機能同士の関係を説明していきます。このように、複雑な情報を整理して、全体から部分へと、あるいは概要から詳細へと段階を追って読み手に知識を付け加えていくことが、わかりやすさにつながります。

図 4 - 3 複雑な情報が整理される

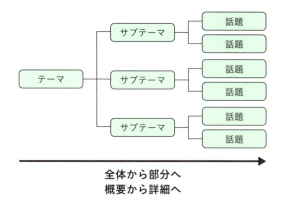

　なお、あとでお話しするように、プロダクトには機能とは別の分解方法も考えられます。適切な分解方法は、読み手によって変わります。読み手を意識しながら、テーマを適切な方法で分解することが、ドキュメントの適切な構成のカギになります。

情報を探しやすい構成になる

　テーマを適切に分解することは、情報の探しやすさにもつながります。必要な情報のありかに読み手が当たりを付けるためには情報の構造化が必要になることを2章で確認しました。読み手は、タイトルから当たりを付けて、見出しから当たりを付けてと、階層に沿って情報を探します。

　テーマを階層構造に分解して、その構造に沿って情報を配置することで、どこに何が書いてあるのかわかりやすいドキュメントになります。構造に沿った配置によって、関連する情報が1つの見出しの中にまとまります。すると、読み手は自分が必要とする情報がドキュメントのどこにあるか当

たりを付けられるようになります。

図4-4 必要な情報を探しやすい構成になる

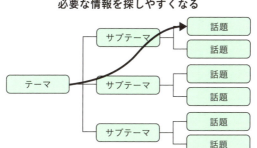

このように、テーマを適切に分解することで、ドキュメントが論理立った構成になり、複雑な情報が整理され、情報を探しやすくもなります。まさに一石三鳥です。

では、テーマの「適切な」分解とは何でしょうか？

4-2 テーマを構成する3つの要素

テーマを構成する基本の要素は次の3つです。

- なぜ（Why）
- 何を（What）
- どうやって（How）

この3つにテーマを分解することが、適切な分解につながるシンプルで簡単な方法です。おおよそのドキュメントはこの3つの要素で組み立てられます。

図4-5　テーマを構成する3つの要素

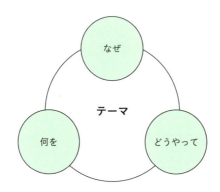

なぜ（Why）

「なぜ（Why）」は、**「なぜそれが必要なのか」を伝える要素**です。
　たとえば、プロダクトの機能を説明するマニュアルであれば、読み手にとってプロダクトやその機能がなぜ必要なのかを伝えます。つまりは、プロダクトや機能の利用目的です。
　あるいは、活動の結果を報告する報告書であれば、その活動がなぜ必要なのかを伝えます。つまりは、活動の背景や目的です。
　そして、企画を立ち上げる企画書であれば、その企画がなぜ必要なのかを伝えます。つまりは、企画の背景や目的です。

何を（What）

「何を（What）」は、**「それは何なのか」を伝える要素**です。

例として、プロダクトの機能を説明するマニュアルであれば、その機能がどういうものなのかを伝えます。つまりは、機能の概要や、機能でできること（ユーザーが得るもの）です。

あるいは、活動の結果を報告する報告書であれば、活動の結果がどういうものなのかを伝えます。つまりは、成果物や、結果に対する考察です。

そして、企画を立ち上げる企画書であれば、何をするのか（あるいは、しないのか）を伝えます。つまりは、企画のゴールです。

どうやって（How）

「どうやって（How）」は、**「どうやってそれを実現するのか」を伝える要素**です。

プロダクトの機能を説明するマニュアルであれば、その機能をどうやって使うのかを伝えます。つまりは、機能の操作や設定の方法です。

あるいは、活動の結果を報告する報告書であれば、どうやって結果を得たのかを伝えます。つまりは、活動の手段です。

そして、読み手を説得するための企画書であれば、ゴールをどうやって実現するのかを伝えます。つまりは、企画の実行プランです。

テーマを分解した「なぜ・何を・どうやって」の3つの要素は、ドキュメントの階層構造に次のように紐付きます（図4-6）。なお、図では例として「なぜ・何を・どうやって」をさらに複数に分解していますが、もちろん1つのこともあります。また、図では2、3階層目が「パラグラフ／見出し」となっていますが、どちらになるかは、その内容の量によります。

内容が多ければ見出しを付け、内容が少なければパラグラフ（つまり1つの話題）になります。

図 4 - 6 「なぜ・何を・どうやって」で構成を組み立てる

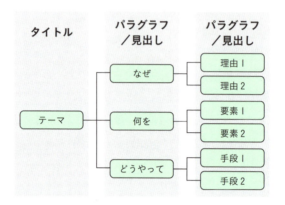

4-3 「なぜ・何を・どうやって」にテーマを分解する

　それでは、具体例を通して理解を深めていきましょう。ここでは、ドキュメントの3つの型（説明型・説得型・報告型）に分けて、「なぜ・何を・どうやって」にテーマを分解する具体例を見ていきます。

説明型のドキュメント

　説明型のドキュメントの代表例が、プロダクトのマニュアルです。プロダクトのマニュアルでは、「プロダクトの使い方」というテーマを次のように分解します。

- なぜ：プロダクトの利用目的
- 何を：どんなプロダクトなのかや、プロダクトでできること
- どうやって：プロダクトをどうやって使うのか

スマートフォンアプリのマニュアルを例にしましょう。

スマートフォンのメッセージアプリを開発しているあなたは、新たに開発した公開チャット機能のマニュアルを書くことになりました。この機能を使うと、匿名で誰でも参加できるチャットルームを作成できます。共通の趣味や関心を持つ人々が集まり情報交換することや、地域コミュニティー内で情報共有することなどの利用目的を想定しています。

いきなりマニュアルの構成を練ろうとしても、書き慣れていないと難しいでしょう。そこで、まずはテーマの分解から始めます。機能のテーマを「なぜ・何を・どうやって」の3つの要素に分解し、さらにそれらの要素を書き出していきます。

- なぜ（機能の利用目的）
    - 地域コミュニティーの形成
    - イベントや活動の計画
    - 趣味や興味の共有
- 何を（どんな機能か）
    - チャットルームを作成する機能
    - 管理者がルームを削除する機能
    - 管理者が参加者を管理する機能
    - 管理者が不適切なメッセージを削除する機能
    - チャットルームに参加する機能
    - 参加者がニックネームとアイコンを設定する機能
- どうやって（機能の使い方）

> ○ チャットルームを作成する機能の使い方
> - ■ 操作方法
> - ■ 操作上の注意
>
> ○ 管理者がルームを削除する機能の使い方
> - ■ 操作方法
> - ■ 操作上の注意
>
> ○ 管理者が参加者を管理する機能の使い方
> - ■ 操作方法
> - ■ 操作上の注意
>
> ○ 管理者が不適切なメッセージを削除する機能の使い方
> - ■ 操作方法
> - ■ 操作上の注意
>
> ○ チャットルームに参加する機能の使い方
> - ■ 操作方法
> - ■ 操作上の注意
>
> ○ 参加者がニックネームとアイコンを設定する機能の使い方
> - ■ 操作方法
> - ■ 操作上の注意

「なぜ」の要素は、機能の利用目的に分解します。趣味や興味の共有、地域コミュニティーの形成のほか、イベントや活動の参加者同士での連絡に使う目的も考えられそうです。

「何を」の要素は、機能の構成要素に分解します。仕様書を眺めながら、機能を構成するサブ機能を確認します。チャットルームを作成する機能のほか、たとえば、管理者が参加者を管理する機能、管理者が不適切なメッセージを削除する機能、管理者がルームを削除する機能、参加者がニック

ネームとアイコンを設定する機能があるでしょう。

「どうやって」の要素は、機能の使い方に分解します。ここでは、機能の操作方法が挙げられます。操作上の注意事項があれば、それも挙げます。

このように、テーマを「なぜ・何を・どうやって」の3つの要素に分解すると、機能の説明で伝えることを整理できます。テーマを分解したこれらの要素を眺めるだけで、ドキュメントの構成が思い浮かびませんか？ テーマを適切に分解するとドキュメントの構成を考えやすくなる、ということを実感していただけたと思います。

説得型のドキュメント

説得型のドキュメントの代表例は企画書です。たとえばプロジェクトの企画書であれば、テーマを次のように分解できます。

- なぜ：プロジェクトの背景や目的
- 何を：プロジェクトのゴール
- どうやって：ゴールを実現する手段

プロジェクトの企画書を例に、分解の具体例を見ていきましょう。

Webサービスを開発しているあなたは、フロントエンドのフレームワークをReactに移行する計画を立てています。プロジェクトを立ち上げるにあたり、マネージャーの承認を得るための企画書を書くことになりました。

ここでも、テーマを「なぜ・何を・どうやって」の3つの要素に分解し、それらの要素をさらに小さく分解していきます。テーマを分解することで、頭の中にあるアイデアを読み手に伝わりやすい形に整理できます。

- なぜ（プロジェクトの背景）
  - 開発速度が低下している
  - 開発メンバーの学習コストが高く、オンボーディングに時間が掛かる
  - 開発者の確保が困難になっていくと懸念される
- 何を（プロジェクトのゴール）
  - フレームワークをReactに移行すること
  - 移行による効果を検証すること
    - UIコンポーネントの再利用が容易になり、開発効率が向上すること
    - 開発者のオンボーディング期間が短縮されること
    - UIのレンダリングの効率が高まり、画面の表示が速くなること
- どうやって（実現の手段）
  - 主なタスク
  - スケジュール
  - メンバー
  - 必要なコスト
  - リスクと対策

「なぜ」の要素は、プロジェクトの背景に分解します。背景はたとえば、プログラムが大きくなるにつれて開発速度が低下していること、フレームワークの古さが開発メンバーの学習コストの高さにつながっていること、そして、このままでは開発者の確保も難しくなっていくと予想されることが挙げられます。

「何を」の要素は、プロジェクトのゴールに分解します。たとえば、フ

レームワークをReactに移行することと、移行による効果を検証することが、プロジェクトのゴールになるでしょう。効果の検証はさらに、開発速度が上がること、開発者のオンボーディング期間が短縮されること、画面の表示が速くなること、のように分解できます。

「どうやって」の要素は、ゴールを実現する手段に分解します。マネージャーの承認を得ることが目的なので、マネージャーの視点を意識しながら、伝えるべきことを挙げます。主なタスク、スケジュール、メンバー、コスト、と挙げていきます。

このように、説得型のドキュメントでも、テーマを「なぜ・何を・どうやって」の3つの要素に分解することで、伝えることを整理できます。ドキュメントに必要な情報の収集も、こうしてテーマを小さく分けることでやりやすくなります。

報告型のドキュメント

報告型のドキュメントの代表例は報告書です。たとえばプロジェクトの報告書であれば、テーマを次のように分解できます。

- なぜ：プロジェクトの背景や目的
- 何を：プロジェクトの成果
- どうやって：成果を得た手段

では、プロジェクトの報告書を例に、分解の具体例を見ていきましょう。

さきほど例にした、フレームワークをReactに移行するプロジェクトを無事に終えたあなたは、プロジェクトの結果をマネージャーに報告するため報告書を書くことにしました。

報告書では、テーマを分解すると、たとえば次のようになります。

- ● なぜ（プロジェクトの背景）
    - 〇 開発速度が低下していた
    - 〇 開発メンバーの学習コストが高く、オンボーディングに時間が掛かっていた
    - 〇 開発者の確保が困難になっていくと懸念された
- ● 何を（プロジェクトの結果）
    - 〇 UIコンポーネントの再利用により、開発期間が平均10％削減された
    - 〇 UIの統一性が向上した
    - 〇 開発メンバーのオンボーディング期間が30％削減された
    - 〇 レンダリング効率の向上により、UIの表示速度が平均20％向上した
    - 〇 コンポーネントごとの独立性を確保したことで、バグの特定と修正が容易になった
    - 〇 開発者採用への応募が増えた
- ● どうやって（実現の手段）
    - 〇 フレームワークをReactに移行した
        - □ 実施した主なタスク
    - 〇 掛かった期間
    - 〇 掛かったコスト

「なぜ」の要素は、企画書と同様です。なぜそのプロジェクトが必要だったのかという、プロジェクトの意義を挙げます。

「何を」の要素には、プロジェクトの成果を挙げます。フレームワークの

移行によって開発期間が削減されたこと、UIの統一性が向上したこと、開発メンバーの学習コストが低下しオンボーディング期間が短縮されたことなど、プロジェクトで得られたことを挙げていきます。

「どうやって」の要素には、プロジェクトで実施したことを挙げます。フレームワークをReactに移行したことと、そのために実施した主なタスク、掛かった期間、掛かったコストが挙げられるでしょう。

このように、報告型のドキュメントでもやはり、テーマを「なぜ・何を・どうやって」の3つの要素に分解することで、伝えることを整理できます。読み手にとっても、なぜ（プロジェクトの意義）、何を（プロジェクトで得られた成果）、どうやって（掛かった期間とコスト）の3つの要素を比べることで、プロジェクトの適切さを判断できます。「テーマの適切な分解が、ドキュメントの適切な構成につながる」というわけです。

説明型のドキュメントだけでなく、説得型や報告型のドキュメントでも、テーマを分解した例を眺めるだけでドキュメントの構成が思い浮かぶはずです。テーマを適切に分解できれば、あとはそれに沿ってドキュメントの構成を仕立てていくだけで済むのです。

4-4 大きなテーマを分解する

さて、ここまでは小さなテーマの分解をお話ししてきました。小さなテーマとは、分解した階層数が3階層に収まることが目安です。書籍や文書で言えば、項だけ、もしくは節と項の見出しからなる2～3階層です。Webで言えば1ページに収まる階層です。報告書や企画書はこの階層数に収まることが多いと思います。マニュアルでも、小さなプロダクトや1つ

の機能の説明であれば、この階層数に収まるでしょう。

図4-7 小さなテーマは3階層で

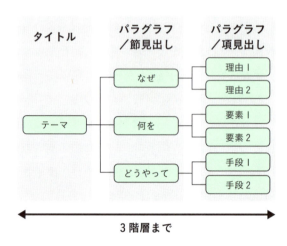

ドキュメントのテーマが大きくなると、さらに階層を増やす必要が出てきます。3階層では情報を扱いきれません。書籍や文書で言えば、章、節、項の見出しからなる4階層になってきます。あるいは分冊が必要になってきます。Webサイトで言えば、複数のページやカテゴリーからなるサイトになってきます。

テーマが大きくなるのは、ドキュメントで複雑なモノや概念を扱う場合です。「なぜ・何を・どうやって」の「何を」に当たるものです。エンジニアが書くドキュメントでは、たとえば次のような場合が挙げられます。

- 大きなプロダクト
- 大きなプロジェクト
- 複雑な技術（たとえばプログラミング）

このように複雑なモノや概念を読み手に伝えるためには、大きく複雑な情報を適切に分解して、一つ一つ順序立てて読み手に伝えていくことが大切です。複雑な情報を複雑なまま伝えてはいけません。人が一度に理解できる情報の量には限りがあります。まずは全体像だけを伝えて、モノや概念を分解した要素を一つ一つ読み手に渡していくのです。

　さて、また「適切に」という言葉が出てきました。複雑なモノや概念をわかりやすく読み手に伝えるには、それをどのように分解すれば良いのでしょうか？

　モノや概念の分解には、次の2つの方法があります。この2つのどちらかで分解するのが原則です。

- 構成要素で分解する（全体から部分へ）
- 具体例で分解する（概要から具体へ）

多くのモノや概念は、「全体から部分へ」と、「概要から具体へ」の、2つの階層構造を備えています。たとえば、身近な例としてネコを考えてみましょう。ネコは頭・耳・胴体・足・しっぽといった構成要素に分解でき

ます。あるいは、ネコはペルシャ・マンチカン・スコティッシュフォールドといった具体例に分解することもできます。このように、ネコという概念の知識にも2つの階層構造があることがわかります。

　このような概念の構造を読み手の頭に描かせながら、全体から部分へと、または概要から具体へと順序立てて説明していくことで、ネコという複雑（？）な概念を読み手にわかりやすく伝えることができます。ネコの全体像を説明してから、頭、耳、胴体、と個々の部分に焦点を当てて形や特徴を説明していく、あるいは、ネコという動物の概要を説明してから、ペルシャ、マンチカンといった具体例を見ていくことを通して、ネコという動物への読み手の理解を深めていくわけです。

　さて、エンジニアの皆さんは業務でネコを説明する機会はほとんど無いはずですから、もう少し業務に近い例を通して理解を深めていきましょう。

構成要素で分解する（全体から部分へ）

　さきほどは、スマートフォンのメッセージアプリに追加した公開チャット機能のマニュアルを例に、テーマの分解の具体例を見ました。

　では、スマートフォンのメッセージアプリ全体のマニュアルを考えると、どのようにテーマを分解すれば良いでしょうか。1機能のマニュアルと比べると、テーマがずいぶんと大きくなります。

　方法の1つが、機能の構成要素で分解する方法です（図4-8）。たとえばメッセージアプリは、会話、連絡帳、プロフィールという機能に分解されます。そして、会話機能はチャット、通話、ビデオ通話の機能に、さらにチャット機能は公開チャット、非公開チャットの機能に分解されます。

図 4 - 8 メッセージアプリを機能で分解する

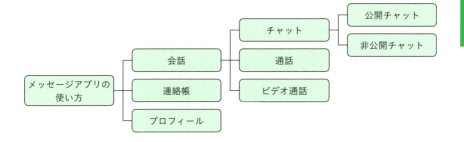

　さらにここから、テーマを分解した各要素を「なぜ・何を・どうやって」に分解していきます。
　1階層目の「メッセージアプリ」は次のように分解できます。

- なぜ：メッセージアプリの利用目的
- 何を：メッセージアプリ・会話機能・連絡帳機能・プロフィール機能の概要
- どうやって：メッセージアプリの基本的な使い方

2階層目の「会話」機能は次のように分解できるでしょう。

- なぜ：会話機能の利用目的
- 何を：会話機能・チャット機能・通話機能・ビデオ通話機能の概要
- どうやって：チャット機能・通話機能・ビデオ通話機能の使い方

　このように、機能の構造を読み手の頭に描かせながら、全体から部分へ

と順序立てて説明していくことで、プロダクトという複雑なモノをわかりやすく読み手に伝えることができます。

図4-9 全体から部分へと流す

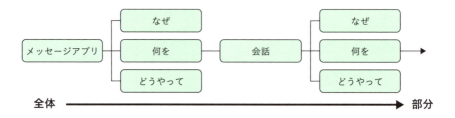

具体例で分解する（概要から具体へ）

もう1つの方法が、利用目的の具体例で分解する方法です。たとえばメッセージアプリには、「家族や友人と話すこと」、「共通の趣味や関心を持つ人と話すこと」といった利用目的があるでしょう。「家族や友人と話すこと」はさらに、「チャットする」、「通話する」のように分解されます。

図4-10 メッセージアプリを利用目的で分解する

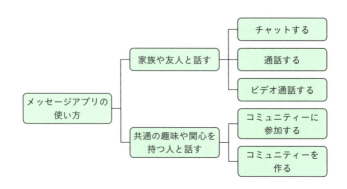

構成要素での分解と同じように、さらにここから、テーマを分解した各要素を「なぜ・何を・どうやって」に分解していきます。

1階層目の「メッセージアプリ」は次のように分解できます。

- なぜ：メッセージアプリの利用目的
- 何を：メッセージアプリの概要、メッセージアプリでできること
  （家族や友人と話す・共通の趣味や関心を持つ人と話す）
- どうやって：メッセージアプリの基本的な使い方

2階層目の「家族や友人と話す」は次のように分解できるでしょう。なお、今回は目的で分解しているので、「なぜ」の要素は抜いています。

- 何を：会話機能の概要、会話機能でできること（チャット・通話・ビデオ通話）
- どうやって：チャット機能・通話機能・ビデオ通話機能の使い方

このように、メッセージアプリの概要から具体的な使い方へと順序立てて説明していくことで、プロダクトをわかりやすく読み手に伝えることができます。

図4－11　概要から詳細へと流す

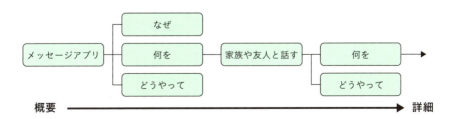

さて、テーマの分解には複数の方法があることがわかります。では、このように複数ある分解の方法のうち、どれを選ぶことが適切なのでしょうか。当然ながら、どの方法でも良いわけではありません。綺麗に分解できる方法を選ぶわけでもありません。

4-5 読み手の目的に合わせて分解する

その答えは、「読み手の目的に合わせる」です。読み手の目的に応じて、適切な分解方法を選びます。

メッセージアプリのマニュアルの例では、機能の構成要素での分類は、「機能の用途や使い方を知りたい」という読み手の目的に対応します。**実際にプロダクトを使いながら、機能の概念や操作方法についてわからないことがあったときに読むことを想定します**。説明や仕様を機能ごとに網羅的に解説します。

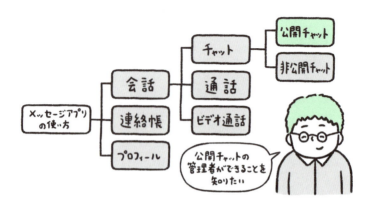

一方で、利用目的の具体例での分類は、「自分の目的をどうすれば達成

できるのか知りたい」という読み手の目的に対応します。**どの機能を使えば自分の目的を達成できるのかわからないときに読むことを想定します。**読み手の目的に紐付けて、その目的をプロダクトで達成する方法を解説します。

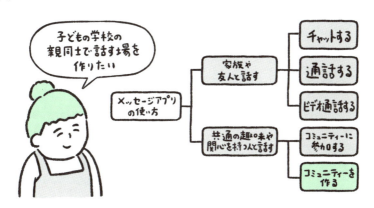

　プロダクトの外部仕様書であれば、機能の構成要素での分解が基本になります。読み手の目的は機能の仕様を知ることだからです。ですから、プロダクトの機能要件を機能単位で分解します。機能はさらに、画面・帳票・エラー・ログといった構成要素に分解します（図4-12）。

　このように全体から部分へと説明を展開していくことで、複数の開発者が分担して並行開発する場合でも、プロダクトの全体像を把握しながら、自分が受け持つ部分の詳細を把握していけます。

図4-12 外部仕様書の分解例

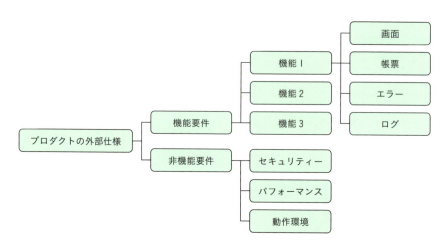

そして、テーマを分解した各要素は「なぜ・何を」に分解します。「どうやって」は仕様書と分けて設計書などで書くことが多いでしょう。仕様書では、どんな目的で、何を開発するのかを書きます。

1階層目の「プロダクト」は次のように分解できます。

- なぜ：開発の背景
- 何を：プロダクトの全体像（プロダクトの概要・システム構成図）

そして、2階層目の「機能1」は次のように分解できるでしょう。

- なぜ：機能1の利用目的
- 何を：機能1の仕様（機能の概要・画面・帳票・エラー・ログ）

図 4 - 13 「なぜ」「何を」で分解

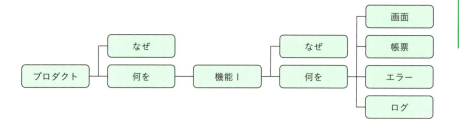

> **まとめ**
>
> 　本章では、ドキュメントの構成を組む前準備として、テーマを分解する方法を学びました。テーマの階層構造が見えてくるとドキュメントの構成を考えやすくなることを実感していただけたでしょうか。
>
> 　テーマを「なぜ・何を・どうやって」の3つに分解することが、テーマの分解の基本です。そこからさらに、これら3つの要素を分解していきます。
>
> 　ドキュメントで扱うテーマが大きい場合は、「なぜ・何を・どうやって」への分解に加えて、構成要素または具体例での分解を組み合わせます。本章ではその例として、機能の構成要素と、利用目的の具体例とでプロダクトを分解する例を見てきました。複数ある分解方法の中から、読み手の目的に応じて適切な方法を選びます。
>
> 　なお、1章でお話ししたとおり、テーマを細かく分解することには、読み手にとってのメリットだけでなく、「書きやすくなる」という書き手にとってのメリットもあります。大きく抽象的なテー

マが、小さく具体的なサブテーマに細分化されることで、書くべき内容が具体化され、文章を書きやすくなります。

　次章からは、テーマを分解した階層構造をドキュメントの構成（アウトライン）に落とし込み、そこからさらに文章を展開していくプロセスを解説していきます。なかなか書き出せなかった文章が、グッと書きやすくなるはずです。

Chapter
5

ドキュメントの骨組みを組む

本章では、ドキュメントの骨組み（アウトライン）を組むプロセスを取り上げます。3章での「読み手とテーマの選定」、4章での「テーマの分解」を受けて、分解したテーマをもとにアウトラインを組むことが本章のゴールです。この3段階の歯車が流れ良く噛み合うことが、読み手に合ったアウトラインに繋がり、さらにそれはドキュメントの「情報の探しやすさ」と「わかりやすさ」に繋がります。

　エンジニアの皆さんも、ある程度大きなプログラムを書くときには、書き始める前にプログラムの設計を組むはずです。設計が大切なのは、ドキュメントでも同じです。4章では、情報を効率的に伝えるためには話をきちんと整理して伝えていくことが大切だとお話ししました。そして、テーマを分解して整理することに取り組みました。とはいえ、たとえ整理はできていても、それを見出しと文章の構成に適切に反映していなければ意味がありません。プログラムの設計と同じように、大きな部品（上位の見出し）から設計していき、さらに細かな部品（下位の見出し）に分けていって、最終的にパラグラフにまで細かくします。

　さて、それでは話に入っていきましょう。アウトラインという言葉を聞いたことがない方もいると思いますので、まずはアウトラインとは何かのお話しから始めます。そして、4章でのテーマの分解をもとにアウトラインを組み立てるプロセスを具体例を通して見ていきます。

まだ文章書かないんですか！？もう5章まできちゃいましたよ！

ふっふっふ。「急がばアウトライン」「アウトラインを笑う者はアウトラインに泣く」とはよく言ったものよ…。

（初耳だけど…）目次のことですよね？

その通り！読み手にとっては目次。そして書き手にとっては指針となる設計図なんだ。詳しく説明していこう！

5-1 ドキュメントの骨組み＝アウトライン

「アウトライン」という言葉をご存知でしょうか。WordやGoogle Docsのようなワープロソフトには、たいていアウトラインを表示する機能が付いています（図5-1）。アウトライン（Google Docsでは「概要」）の表示を有効にしてみると、開いているドキュメントの見出しの一覧が表示されます。アウトライン機能は、ドキュメントを書くときに全体の構成を組んだり、ドキュメントを読むときに全体の構成を確認したり、必要に応じて目的の見出しに飛んだりするためのものです。ワープロソフトとは別に、アウトラインを作るための専用のソフトウェアもあり、アウトライナーと呼ばれます。WorkFlowyやDynalistが代表例です。

アウトラインとは、ドキュメントの骨組みのことです。広義のアウトラ

図 5 − 1　Google Docs の画面

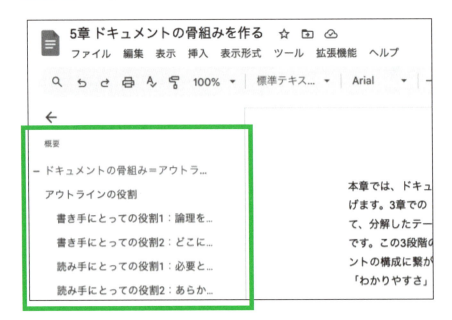

インは、ものごとのあらまし、大筋、概略を述べたものを意味します。そして、**ドキュメントにおけるアウトラインとは、章・節・項などの見出しを階層的に表示したものを言います**。つまり、章・節・項などの見出しが「ドキュメントの骨組み」になります。そして、見出しを見るだけで、そのドキュメントのあらましや話の流れがザックリとわかるというわけです。

　たとえば、皆さんが学生の頃に書いたレポートや論文であれば、図 5 − 2 のようなアウトラインが基本です。はじめにレポート全体の概要を述べてから、次に詳細を述べていきます。詳細の説明では、その調査の目的をまず述べて、どのような調査をしたのか、どうやって調査したのか、そこ

からどのような結果を得たのか、その結果からどのようなことが言えるのか、を順に述べていきます。このような説明の流れが「アウトライン」ということになります。

図5−2 レポートのアウトライン

- ● 概要
- ● 調査の背景
- ● 調査の内容
  - ○ データの収集
  - ○ データの分析
- ● 調査の結果と考察
- ● 結論

ここまでの説明を読んで、2章で出てきた「目次」とは違うの？と思った方もいるかもしれません。

アウトラインと目次には次の違いがあります。

- ●アウトラインは「書き手」がドキュメントの構成を組むためのもの
- ●目次は「読み手」がドキュメントの構成を掴むためのもの

つまり、ドキュメントの骨組み（構成）として組んだアウトラインを読み手にとってわかりやすいように整えたものが目次、ということです。図5−2のレポートの例はアウトラインであり、このアウトラインをもとにして見出しを付ける要素を選んだり、見出しの名前を決めたりしたものが目次、ということになります。両者は、似ているようで微妙に異なります。

両者の違いはこの章を通じて理解できるはずですので、ここではザックリとだけ違いを掴んでおいてください。

5-2 アウトラインの役割

　アウトラインには、読み手と書き手の双方にとっての役割があります。さきほど「ドキュメントの骨組みを組むために書き手が考えるものがアウトライン、そのアウトラインをわかりやすく読み手に示すものが目次」とお話ししました。**アウトラインは、書き手にとってはドキュメントの設計図であり、読み手にとってはドキュメントの中を歩く旅の地図になります**。と、少々抽象的な言い方をしてしまいましたので、それぞれどういうことなのか整理していきましょう。

書き手にとっての役割1：論理を組み立てる

　アウトラインを組むことは、伝えたいことに対して読み手の納得を得るために論理を組み立てることにつながります。それが書き手にとってアウトラインが持つ1つめの役割です。
　4章に登場した「なぜ・何を・どうやって」に沿ってアウトラインを組み立てることで、論理的な話の筋道ができます。ただ伝えたいことを言うだけでなく、なぜそれが必要なのか、何を目指すのか、それをどうやって実現するのかと、順序立てて読み手に伝えていきます。この筋道こそがアウトラインです。
　あらためてレポートのアウトラインを見てみると、レポートのアウトラ

インも「なぜ・何を・どうやって」の3つの要素で構成されていることがわかります（図5-3）。このように、「なぜ・何を・どうやって」の3つの要素で構成することで、論理立ったドキュメントに仕上げることができます。

図5-3 「なぜ・何を・どうやって」で構成されるレポートのアウトライン

- 概要
- 調査の背景 ——————— なぜ
- 調査の内容 ——————— どうやって
    - データの収集
    - データの分析
- 調査の結果と考察 ——————— 何を
- 結論

なお、論理の組み立てには、アウトラインに表れるドキュメント全体の大きな論理の流れと、アウトラインの中で展開する文章に表れる小さな論理の流れがあります（図5-4）。この大小の論理の流れが組み合わさって、ドキュメント全体の論理が生まれます。

この章で取り上げるのは前者で、大きな論理の流れの組み立てです。つまり、見出しから話の筋道を読み取れるようにアウトラインを組み立てるのです。後者の小さな論理の組み立ても次章で取り上げます。

図5-4 大きな論理の流れと、小さな論理の流れ

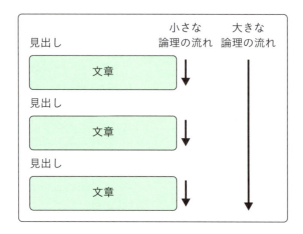

書き手にとっての役割2：どこに何を書くかを決める

ドキュメントの骨組みが決まると、どこに何を書けばいいのかが決まるので、文章を書きやすくなります。それが書き手にとっての2つめの役割です。1章でもお話ししたとおり、ドキュメント全体という大きな箱のまま書こうとすると、書くべきことがボンヤリしてしまいます。そこで、見出しごとの小箱に分けることで、それぞれの小箱で書くべきことがハッキリします。骨組みさえできてしまえば、あとはそこに文章を肉付けしていくだけで良いのです。

どこに何を書くかが決まれば、「書きやすいところから書く」こともできるようになります。**うまく書けないところは後回しにして、書けるところから先に書くことで、知識や考えが整理され**て、書けなかったところも書けるようになることがよくあります。「筆が乗る」という言葉のように、とりあえず書けるところから書くことで、気持ちが乗ってくる効果もあり

ます。たとえば筆者は、章の冒頭（「リード文」と呼ぶのでしたね）はなかなか書けず、後ろの文章ができてから最後に書くことが多いです。リード文は章の内容が決まってからのほうが書きやすいと思います。

読み手にとっての役割1：必要な情報を探す手掛かり

アウトラインは、読み手に対しても役割を持ちます。先にお話ししたとおり、アウトラインは「目次」の形で読み手に提供されます。そして、目次はドキュメントの構成をわかりやすく読み手に伝えます。

読み手にとっての1つめの役割は、必要とする情報を探す手掛かりです。2章では、「ドキュメントは当たりを付けながら読む」という話がありました。そして、本文の内容に見出しから当たりを付けて、ドキュメントの中から必要な箇所だけを読みました。アウトラインは、**その当たりを付ける重要な手掛かり**になります。

必要な情報を探す手掛かりとしてアウトラインが効果的に機能するためには、本文の内容を具体的に表した見出しになっていることが大切です。4章ではテーマを階層構造に分解し、情報にまとまりを持たせました。それぞれの情報のまとまりに、その情報を具体的に表す見出しを付けること

で、その情報を必要とする読み手を導き入れることができます。

読み手にとっての役割2：要点を掴む手掛かり

2つめは、要点を掴む手掛かりとしての役割です。2章では、「ドキュメントは要点を掴みながら読む」という話もありました。そして、本文を読む前に見出しから要点を掴むことで、ドキュメントを効率良く読み進めていきました。アウトラインは、**ドキュメントの要点を読み手が掴むための手掛かり**にもなります。

予想だにしない展開にハラハラドキドキ、そんな展開も物語であれば楽しめますが、忙しい業務の片手間に読むドキュメントには求められていません。手っ取り早く全体像を掴めて、予想通りの展開で詳細へと説明が進むドキュメントのほうが、読み手は嬉しいでしょう。

アウトラインは、これからどのような話がどのような流れで始まるのかを読み手に伝えます。**プレゼンテーションで最初に述べる「アジェンダ」と同じ役割です**。

要点を掴む手掛かりとしてアウトラインが機能するためには、本文で言いたいことをズバリと言う見出しになっていることが大切です。言いたい

ことがわかった上で読むので、読み手はドキュメントを効率良く読み進められるようになります。言いたいことへの納得が得られれば、その時点で次の見出しへと読み飛ばすことさえできます。

5-3 分解したテーマからアウトラインを組む

　さて、アウトラインの役割を理解したところで、アウトラインの組み方の話に進んでいきましょう。ドキュメントを書くことに苦手意識を持っている方も、これから説明する流れに沿うことで、効果的なアウトラインを素早く組めるようになるはずです。

　4章でのテーマの分解でアウトラインの下地はできていますから、あとはそれをアウトラインに仕立てていくだけです。さらにそこから見出しを決定すれば、最終的に目次が完成します。テーマからいきなりアウトラインを組もうとする場合と比べて、テーマを分解するステップを間に挟むことで、組み立てがずっとやりやすくなっているはずです。

分解したテーマをアウトラインに仕立てるステップは、次のとおりです。

> 1. 要素を並べ替える
> 　テーマを分解してできた要素を、読み手に伝える順番を考えて並べ替えます。
> 2. 見出しを付ける要素を選ぶ
> 　並べ替えた要素の中から、見出しを付けるものを選びます。すべての要素に見出しを付ける必要はありません。見出しを付けるかどうかは、内容の重要度や量に応じます。
> 3. 見出しを決める
> 　見出しを決めます。本文に何が書かれているか、または本文で何が言いたいかを具体的に示す見出しを意識します。
> 4. 見出しだけを流して読んでみる
> 　最後に見出しだけ（つまり目次）を流して読んでみて、どこに何が書かれているかや、ドキュメントで言いたいことをザックリと掴めるかどうかを確認します。

それでは、スマートフォンのメッセージアプリに追加した公開チャット機能のマニュアルを例に、4章で分解したテーマをもとにアウトラインを組み立てる過程を見ていきましょう。

Step 1 要素を並べ替える

さて、4章では「公開チャット機能の使い方」というテーマを「なぜ・何を・どうやって」の要素から次のように分解しました。この分解がアウトラインのもとになります。

- ● なぜ（機能の利用目的）
  - ○ 地域コミュニティーの形成
  - ○ イベントや活動の計画
  - ○ 趣味や興味の共有
- ● 何を（どんな機能か）
  - ○ チャットルームを作成する機能
  - ○ 管理者がルームを削除する機能
  - ○ 管理者が参加者を管理する機能
  - ○ 管理者が不適切なメッセージを削除する機能
  - ○ チャットルームに参加する機能
  - ○ 参加者がニックネームとアイコンを設定する機能
- ● どうやって（機能の使い方）
  - ○ チャットルームを作成する機能の使い方
    - ■ 操作方法
    - ■ 操作上の注意
  - ○ 管理者がルームを削除する機能の使い方
    - ■ 操作方法
    - ■ 操作上の注意
  - ○ 管理者が参加者を管理する機能の使い方
    - ■ 操作方法
    - ■ 操作上の注意
  - ○ 管理者が不適切なメッセージを削除する機能の使い方
    - ■ 操作方法
    - ■ 操作上の注意
  - ○ チャットルームに参加する機能の使い方
    - ■ 操作方法

> 　　　■ 操作上の注意
> 　○ 参加者がニックネームとアイコンを設定する機能の使い方
> 　　■ 操作方法
> 　　■ 操作上の注意

　このままでも情報が整理はされていますが、読み手に伝わる構成にはまだなっていません。

　読み手の多くはドキュメントを前から後ろへと読み進める（あなたもそうしますよね）ので、情報の並びは大切です。重要なことから先に伝えていったり、読み手が理解しやすいよう順序立てて話していったりといった工夫が、よりわかりやすいドキュメントを作ります。

　要素の並びは、基本的には次のいずれかです。

- 既知から未知へ
- 時系列で
- 重要なものから
- ニーズが大きいものから

■順列の要素は「既知から未知へ」または「時系列で」

　順列の要素は、既知から未知へ、または時系列で並べます。順列とはつまり、内容に依存関係がある場合（後ろの説明を理解するために必要な知識を先に説明していく場合）や、内容に時系列での順序関係がある場合です。前から後ろへとドキュメントを読み進めていく読み手が順を追って情報を理解できるように、話の順序を整えます。

　<u>説明に依存関係がある場合は、既知から未知へと要素を並べます</u>。たとえば、「なぜ（機能の利用目的）」と、「何を（どんな機能か）」、「どうやって（機

能の使い方)」の並びには依存関係があります。いきなり「どうやって」の話から始まるのは唐突だと想像できるでしょう。その前に、そもそもどんな機能なのか、読み手にとってなぜその機能が必要なのかの理解が必要です。同様に、「なぜ」「何を」の並びも、「何を」を先にします。利用目的の理解の前に、どんな機能かの理解が必要だからです。

図5-5 既知から未知へと並べ替える

- なぜ（機能の利用目的）
- 何を（どんな機能か）
- どうやって（機能の使い方）

- 何を（どんな機能か）
- なぜ（機能の利用目的）
- どうやって（機能の使い方）

　概念や事柄を説明するときは特に、既知から未知へと流す意識が必要です。未知の概念や事柄がいきなり登場しないよう、順序立てて読み手に伝えていかなければなりません。例としてプログラミングを説明するのであれば、記法・変数・データ型・条件分岐・ループ・関数といった構成要素をどの順番に並べれば「既知から未知へ」の流れになるかを考え、読み手に伝える順番を計画します。

　説明に時系列での順序がある場合は、時系列に沿って要素を並べます。先から後へと時系列に並べることで、読み手は流れに沿って内容を理解できます。代表例はプロダクトの操作説明です。操作にはたいてい順序があります。1手順ずつ順を追って操作を説明していくことで、読み手はプロダクトを操作しながら使い方を学べます。

　たとえば、「何を（どんな機能か）」や「どうやって（機能の使い方）」の中の要素には、時系列での順序があります。ユーザーが操作するであろう順番を考えると、まずはすでにあるチャットルームに参加することが多いだろうと想像できます。ですから、「チャットルームに参加する機能」の説明

は最初に来るべきでしょう。そして、チャットルームに参加することになれば、次に行うのはニックネームとアイコンの設定です。ですから、「参加者がニックネームとアイコンを設定する機能」の説明は2番目に来るべきでしょう。このように時系列で考えると、要素が次のように並び変わります。

図5-6　時系列で並べ替える

- ●チャットルームを作成する機能
- ●管理者がルームを削除する機能
- ●管理者が参加者を管理する機能
- ●管理者が不適切なメッセージを削除する機能
- ●チャットルームに参加する機能
- ●ニックネームとアイコンを設定する機能

- ●チャットルームに参加する機能
- ●ニックネームとアイコンを設定する機能
- ●チャットルームを作成する機能
- ●管理者が参加者を管理する機能
- ●管理者が不適切なメッセージを削除する機能
- ●管理者がルームを削除する機能

また、「操作方法」と「操作上の注意」の並びにも時系列での順序があります。たとえば、「管理者がルームを削除する機能」の「操作上の注意」が次の内容だったらどうでしょう？

削除したチャットルームは復元できません。会話がすべて削除されますので、必要に応じてバックアップをお取りください。

削除したあとに知っても遅いでしょう。読み手はルームを削除する前に知りたいはずです。ですから、「操作上の注意」→「操作方法」の並びが適切な順ということになります。このように、「操作方法」と「操作上の注意」の並びも、時系列に応じて変わります。

■ **並列の要素は「重要なものから」または「ニーズの大きいものから」**
順序関係のない並列の情報は、重要なものから、またはニーズが大きいものから並べます。多くの読み手が必要とする情報を前に出すことで、読み手に強いる視線の移動やスクロール（あるいはページめくり）を最小限に留められます。さらに、読み手が途中で読み終えてしまった場合でも、重要な情報を優先して伝えられます。

たとえば、「なぜ（機能の利用目的）」の中は並列の情報です。「地域コミュニティーの形成」、「イベントや活動の計画」、「趣味や興味の共有」の3つに順序関係はありません。ですから、ニーズが大きそうなものから並べます。この3つであれば、「趣味や興味の共有」→「地域コミュニティーの形成」→「イベントや活動の計画」の順が適切そうです。もちろん、データをもとに決定できるとより良いでしょう。

図5-7　ニーズの大きそうなものから並び替える

- 地域コミュニティーの形成
- イベントや活動の計画
- 趣味や興味の共有

- 趣味や興味の共有
- 地域コミュニティーの形成
- イベントや活動の計画

さて、ここまでお話しした原則に沿うと、公開チャット機能のマニュアルのアウトラインが次のように並び替わります。既知から未知へと、また時系列に沿って順を追って情報を得られるようになりました。さらに、重

要な情報から先に得られるようにもなりました。

- 何を（どんな機能か）
  - チャットルームに参加する機能
  - ニックネームとアイコンを設定する機能
  - チャットルームを作成する機能
  - 管理者が参加者を管理する機能
  - 管理者が不適切なメッセージを削除する機能
  - 管理者がルームを削除する機能
- なぜ（機能の利用目的）
  - 趣味や興味の共有
  - 地域コミュニティーの形成
  - イベントや活動の計画
- どうやって（機能の使い方）
  - チャットルームに参加する機能の使い方
    - 操作方法
    - 操作上の注意
  - ニックネームとアイコンを設定する機能の使い方
    - 操作方法
    - 操作上の注意
  - チャットルームを作成する機能の使い方
    - 操作方法
    - 操作上の注意
  - 管理者が参加者を管理する機能の使い方
    - 操作方法
    - 操作上の注意

> ○ 管理者が不適切なメッセージを削除する機能の使い方
> ■ 操作上の注意
> ■ 操作方法
> ○ 管理者がルームを削除する機能の使い方
> ■ 操作上の注意
> ■ 操作方法

■「なぜ・何を・どうやって」の並びは「なぜ」から

　ところで、「なぜ」、「何を」、「どうやって」の並びはどのように考えれば良いのでしょうか。公開チャット機能のマニュアルの例では、「既知から未知へ」の原則に沿って要素を並べました。一方で、この3つの内容に依存関係がなければ、つまり並列の情報であれば、「重要なものから」または「ニーズの大きいものから」並べることになります。ですが、この3つを重要なものから並べると言われても、どう判断すれば良いのかわからないかもしれません。

　もっとも重要な情報とは、「なぜ」です。**内容に依存関係がなければ、「なぜ」から読み手に伝えます**。

　読み手に情報を伝える上で、「なぜ」は最も重要な情報です。リーダーシップ理論で知られるサイモン・シネックは、講演「Start With Why」や同名の著書（邦題『Whyから始めよ！』）で、「なぜ」から始めることでより深い共感と信頼を得ることができると述べています。そして、「なぜ」→「どうやって」→「何を」の順番を同心円で説明しています。この「なぜ」→「どうやって」→「何を」の順番は、ゴールデンサークル理論と呼ばれます（図5-8）。

　ドキュメントでは必ずしも「なぜ」→「どうやって」→「何を」の順にする必要はありませんが、重要度の判断の指針としてゴールデンサークル

図 5-8 ゴールデンサークル理論

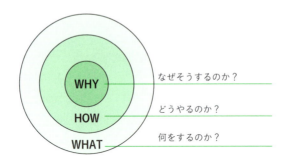

理論は活用できます。なるべく「なぜ」を前に出すという意識でいれば良いでしょう。

　仕様書であれば、開発の背景や目的から始めます。そして、開発するプロダクトの仕様（何を）へと説明を展開します。開発を成功へと導くために、開発の目的に対して開発メンバーの共感を得ることは欠かせません。**特に状況の変化に合わせて仕様を柔軟に変えていくアジャイル開発では、プロダクトや機能がなぜ必要なのか、つまり「なぜ」の情報を明文化しておくことがより重要になります。**

　調査の結果を報告する報告書であれば、調査の背景や目的から始めます。そして、重要度に応じて、調査の手段（どうやって）→調査の結果（何を）の順、または逆の順に話を展開します。書き手としては調査の成果に目が行きがちですが、読み手に興味を持って報告書を読み進めてもらうために大切なのは、なぜその調査が必要なのかという目的への共感です。

　プロジェクトを企画する企画書も、企画の背景や目的から始めます。そして、重要度に応じた順番で、企画の実行プラン（どうやって）と企画のゴール（何を）の話を展開します。仕様書と同様に、プロジェクトの成功

のためには「なぜ」へのメンバーの共感が欠かせません。また、手段が目的にならないよう、「なぜ」を定期的に振り返ることも必要です。そして、そもそも企画の実行には承認者の共感が必要です。

Step 2 見出しを付ける要素を選ぶ

並べ替えを終えたら、要素の中から見出しを付けるものを選びます。すべての要素に見出しを付ける必要はありません。書く内容が多い要素は、見出しを付けて小分けにしたほうが、読みやすく、必要な情報を目次から探しやすくなります。一方で、**見出しの量が多すぎても、逆に読みづらく、目次が長くなりすぎて必要な情報も探しづらくなってしまいます**。書く内容が少ない要素はパラグラフで分けるだけで十分です。

基本方針は次のとおりです。

- 書く内容が多い要素や重要な要素には見出しを付ける
- 書く内容が少ない要素はパラグラフにする、あるいはほかの要素と統合して見出しを付ける

「書く内容が多い要素や重要な要素」と書きましたが、この両者はほぼ重なるはずです。重要なことなら、書く内容が多くなるはずです。逆に重要なことでないなら、話を短く終えるべきです。ですから、**書く内容が多い要素に見出しを付ければ、自ずと重要な要素に見出しが付くでしょう**。

この方針に沿うと、公開チャット機能のマニュアルのアウトラインでは、たとえば次のように見出しを付ける要素を選びます。アウトラインがずいぶんスッキリとしました。

- ● 何を（どんな機能か）
- ● 管理者ができること
- ● なぜ（機能の利用目的）
  - ○ 趣味や興味の共有
  - ○ 地域コミュニティーの形成
  - ○ イベントや活動の計画
- ● どうやって（機能の使い方）
  - ○ チャットルームに参加する機能
  - ○ ニックネームとアイコンを設定する機能
  - ○ チャットルームを作成する機能
  - ○ 管理者が参加者を管理する機能
  - ○ 管理者が不適切なメッセージを削除する機能
  - ○ 管理者がルームを削除する機能

「何を（どんな機能か）」の要素は、管理者ができることだけをまとめて見出しを付けることにします。管理者ができることは多いですが、一つ一つの機能の説明で書くことは少なくなりそうです。そこで、「管理者ができること」として括ることにします。

「なぜ（機能の利用目的）」の要素には、利用目的ごとに見出しを付けることにします。機能の利用のイメージを読み手が持てることは大切です。「趣味や興味の共有」、「地域コミュニティーの形成」、「イベントや活動の計画」の3つに分けて、具体例を交えてユースケースを伝えていくことにします。

「どうやって（機能の使い方）」の要素には、機能ごとに見出しを付けることにします。そうすることで、やりたい操作の説明に読み手が辿り着きやすくします。なお、「操作上の注意」は内容が少なくなりそうなので、見出しを付けずに、「操作方法」とまとめることにします。

見出しを付ける要素を選べたら、アウトラインが完成です。このアウトラインがドキュメントの骨組みです。あとはこの骨組みに沿って本文を書いていけば良いわけです。

なお、ここでできたアウトラインは仮組みです。実際に書いてみると、思ったより書くことが多くて見出しを付けることにしたり、逆に書くことが少なく見出しを外してパラグラフにしたり、といったことはよくあります。ここで作成したものに拘り過ぎず、アウトラインは柔軟に組み替えていくと良いでしょう。

Step 3 見出しを決める

アウトラインができたら、最後の仕上げとして、見出しの名前を読み手にとってわかりやすいものに変えます。この仕上げによって、アウトラインが読み手にとってわかりやすい「目次」へと変身します。本章の冒頭で、アウトラインは読み手にとって必要な情報を探す手掛かりになり、あらかじめ要点を掴む手掛かりにもなる、という話をしました。それらの役割をより果たせるように、見出しを整えます。

見出しは次のいずれかを示したものにします。

- 本文に何が書かれているか
- 本文で何が言いたいか

本文に何が書かれているかが見出しからわかれば、必要な情報がどこに書かれているか読み手は当たりを付けやすくなります。また、本文で何が言いたいかが見出しからわかれば、読み手は要点を先に掴みながら読めるようになるわけです。

　これらを意識すると、次のようなアウトラインができあがります。

> ● 匿名で誰でも楽しめるチャットルーム
> ● 管理者ができること
> ● 公開チャットはこんなときに使える
> 　○ 共通の趣味や興味を持つ人たちで集まって話す
> 　○ 地域のコミュニティーで情報交換する
> 　○ イベントや活動を計画する
> ● 公開チャットの使い方
> 　○ チャットルームに参加する
> 　○ ニックネームとアイコンを設定する
> 　○ チャットルームを作成する
> 　○【管理者のみ】参加者を管理する
> 　○【管理者のみ】不適切なメッセージを削除する
> 　○【管理者のみ】チャットルームを削除する

　「何を（どんな機能か）」は、「匿名で誰でも楽しめるチャットルーム」に変えました。これは「本文で何が言いたいか」を示す見出しです。このように、**本文で言いたいことをできるだけ具体的に表した見出し**にします。「公開チャットとは」や「公開チャットの概要」のような見出しよりも情報量が多くなり、本文の要点が見出しからわかるはずです。

　「なぜ（機能の利用目的）」は、「公開チャットはこんなときに使える」にし

ました。こちらは本文の内容が広いので、「本文に何が書かれているか」を示す見出しにしています。対して、その中の見出しは、「共通の趣味や興味を持つ人たちで集まって話す」のように、「本文で何が言いたいか」を示す見出しにしています。本文の内容が狭く、何が言いたいかを一言で示せるからです。

「どうやって（機能の使い方）」は、「公開チャットの使い方」にしています。これも「本文に何が書かれているか」を示す見出しです。そしてその中は、「チャットルームに参加する」のように、**読み手の目的に沿った見出し**にしています。また、ルームの管理者しかできない操作には、そのことが見出しからわかるよう、【管理者のみ】のラベルを付けています。このように読み手の目的に応じた見出しにすることで、読み手が必要な情報に辿り着きやすくします。

　見出しには「トンマナ」も反映します。トンマナとはトーン＆マナーの略で、デザインや表現に一貫性を持たせるルールです。たとえば「公開チャットはこんなときに使える」や「公開チャットの使い方」の見出しは、ビジネス用途のプロダクトでは「利用目的」や「操作方法」としたほうが読み手に合うこともあります。本章のテーマと逸れるのでトンマナについての詳述は避けますが、表現は読み手に合わせて変えると良いでしょう。

Step 4 見出しだけを流して読んでみる

　目次ができたら、目次だけを流して読んでみて、話のあらましや流れを掴めるかどうかを確認します。たとえば、「公開チャットはこんなときに使える」の答えがその中の見出しだけでわかるかどうかを確認します。テレビ番組でよくある「正解はCMのあと！」ではないので、**本文まで答えを隠す必要はありません**。読み手にとっては、見出しで要点を知った上で

本文で詳細を確認していったほうが、情報が頭に入りやすくなります。本章のここまでの流れに沿ってアウトラインを組んでいれば、目次から説明の流れを掴めるようになっているはずです。

　<u>**話のあらましを掴むための情報は、見出しに表れていなければなりません**</u>。もし表れていなければ、重要な情報がパラグラフに埋もれてしまっているということです。重要な情報なのですから、見出しを付けて、文字数を割いてきちんと説明しなければなりません。重要な情報に見出しが付くよう、アウトラインを見直しましょう。

　話のあらましや流れを掴めることを確認できたら、目次が完成です。骨組みの組み立てにずいぶん時間を掛けているように感じるかもしれません。それでも、時間を掛ける価値はあります。「アウトラインの役割」の項でお話ししたとおり、わかりやすく、情報を探しやすいドキュメントにするために、テーマをアウトラインと目次に落とし込むことは肝になります。骨組みさえ組めれば、文章をグッと書きやすくなり、むしろ時間の節約にもなるはずです。

5-4　アウトラインの例

　本章の締めくくりとして、アウトラインの例を説明型・説得型・報告型の3つに分けて紹介します。分解したテーマをどのようにアウトラインに変えるのか、具体例を通して理解を深めていきましょう。

　なお、どのアウトラインも、分解したテーマの構造とほぼ変わらないことを確認できます。テーマの適切な分解が、適切なアウトラインにつながるのです。

説明型のドキュメント

4章では、プロダクトの外部仕様書のテーマを図5-9のように分解しました。機能の仕様を知りたいという読み手（開発者）の目的に応じて、機能要件を機能で分解しました。

図5-9 外部仕様の分解例（再掲）

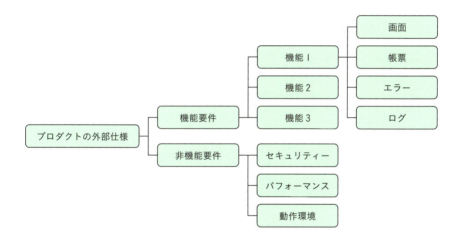

このテーマの分解が、たとえば公開チャット機能の外部仕様書であれば、次のようなアウトラインに仕上がります。

- ●なぜ（機能の目的）
- ●機能の全体像
    - ○概要
    - ○機能の一覧
- ●チャットルームを作成する機能
    - ○なぜ（機能の目的）

- ○ 画面
- ○ 帳票
- ○ エラー
- ○ ログ
- ● チャットルームを削除する機能
  - ○ なぜ（機能の目的）
  - ○ 画面
  - ○ 帳票
  - ○ エラー
  - ○ ログ
- ● チャットルームに参加する機能
  - ○ なぜ（機能の目的）
  - ○ 画面
  - ○ 帳票
  - ○ エラー
  - ○ ログ

〜〜〜〜〜〜〜〜〜(中略)〜〜〜〜〜〜〜〜〜

- ● セキュリティー
  - ○ 認証
  - ○ 脆弱性対策
- ● パフォーマンス
  - ○ レスポンスタイム
  - ○ スループット
- ● 動作環境
  - ○ ハードウェア要件
  - ○ 対応するデバイス

まず「なぜ（機能の目的）」を述べ、次に「何を（機能の仕様）」の説明を展開します。さきほど、もっとも重要な情報は「なぜ」だとお話ししました。**仕様書なので仕様をいきなり書きたくなりますが、なぜその機能が必要なのかという目的への理解は読み手にとって欠かせません**。重要な情報から並べると、「なぜ」→「何を」の順になります。

そして、公開チャット機能の全体像をまず述べてから、公開チャット機能を構成するサブ機能の詳細な仕様を述べていきます。このように、機能の構造を読み手の頭に描かせながら、その構造に沿って全体から部分へと説明を展開していきます。

さらに、機能ごとの仕様の説明も、機能の目的から述べていきます。目的への理解が重要なのは、さきほどお話ししたとおりです。機能の目的は、ユーザーシナリオの形で描かれることもあります。

さきほど挙げたマニュアルのアウトラインと機能の並びが違う点にも注目してください。**マニュアルではユーザーが操作する順に機能を並べましたが、ここでは開発者が開発する順に機能を並べています**。読み手の目的が違えば、適した並びも異なるのです。

説得型のドキュメント

続いて、説得型のドキュメントのアウトラインです。

4章で分解したプロジェクトの企画のテーマに沿うと、プロジェクトの企画書はたとえば次のようなアウトラインに仕上がります。

- プロジェクトの概要
- なぜ（プロジェクトの背景）
  - 開発速度が低下している

> 　　○ 開発メンバーの学習コストが高く、オンボーディングに時間
> 　　　が掛かる
> 　　○ 開発者の確保が困難になっていくと懸念される
> ● 何を（プロジェクトのゴール）
> 　　○ フレームワークをReactに移行すること
> 　　○ 移行による効果を検証すること
> ● どうやって（実現の手段）
> 　　○ 主なタスク
> 　　○ スケジュール
> 　　○ メンバー
> 　　○ 必要なコスト
> 　　○ リスクと対策

　初めに述べるのは概要です。概要では、プロジェクトの背景、プロジェクトのゴール、プロジェクトの実行プランを簡潔にまとめます。概要を読むだけでプロジェクトの全体像をザックリと掴めるようにします。

　そして、「なぜ」→「何を」→「どうやって」の順に話を展開します。プロジェクトの目的に対して承認者や開発メンバーの共感を得ることから始めます。続けて、何を実現したいのか、どうやってそれを実現するのかと、重要度の順に述べていきます。

　「なぜ」の中は、重要な課題から順に見出しを並べています。また、「何を・どうやって」の中は、説明に依存関係があるので、既知から未知へと見出しを並べています。

報告型のドキュメント

最後に、報告型のドキュメントのアウトラインです。

プロジェクトの結果を報告する報告書は、4章でのテーマの分解をもとにして、次のようなアウトラインに仕上がります。

- ● プロジェクトの概要
- ● なぜ（プロジェクトの背景）
    - ○ 開発速度が低下していた
    - ○ 開発メンバーの学習コストが高く、オンボーディングに時間が掛かっていた
    - ○ 開発者の確保が困難になっていくと懸念された
- ● 何を（プロジェクトの結果）
    - ○ UIコンポーネントの再利用により、開発期間が平均10%削減された
    - ○ 開発メンバーのオンボーディング期間が30%削減された
    - ○ 開発者採用への応募が増えた
    - ○ コンポーネントごとの独立性を確保したことで、バグの特定と修正が容易になった
    - ○ UIの統一性が向上した
    - ○ レンダリング効率の向上により、UIの表示速度が平均20%向上した
- ● どうやって（実現の手段）
    - ○ フレームワークをReactに移行した
    - ○ 掛かった期間
    - ○ 掛かったコスト

ここでもやはり、「なぜ」→「何を」→「どうやって」の順に話を展開します。**図5-2**で挙げたレポートのアウトラインでは「なぜ」→「どうやって」→「何を」の順に並べていましたが、ここではプロジェクトの結果のほうが重要と考えて、「何を（プロジェクトの結果）」を先にしています。論文のように調査の独自性が重要であれば、「どうやって」を先に出すべきでしょう。同じ報告型のドキュメントでも、重要度はドキュメントの目的により異なります。

　さきほどの企画書と同様に、報告書でも「なぜ・何を・どうやって」の中を重要度の順に並べています。考え方は企画書と同じですので、ここでは説明を省きます。

まとめ

　本章では、読み手とテーマの選定、テーマの分解に続いて行う、ドキュメントの設計について学びました。これらの3つのステップの繋がりがおわかりいただけたでしょうか。読み手の目的がテーマの分解に繋がり、テーマの分解がドキュメントの設計に繋がります。

　ここまでのステップでドキュメントの骨組みが完成しました。建築で言えば、建物の基礎となる土台（論理）と、建物のレイアウトを形作る骨組みとしての柱や梁（アウトライン）が完成した状態です。レイアウトが利用者の目的に合っていれば、使いやすい建物になるに違いありません。逆に、レイアウトが利用者の目的に合っていなければ、いかに外装や内装に工夫をこらしても、使い勝手の悪い建物になってしまうでしょう。ですが、ここまでお話ししたステップに沿ってドキュメントの骨組みを組み立てていれば、読み手という利用者の目的に合ったレイアウトになっているはずです。

　次章からは、完成した骨組みに文章を肉付けしていきます。建築で言えば、窓や壁などを柱に付けていく工程です。骨組みだけだった建物が、外装や内装の工事を通じて、一気に建物らしさを帯びてきます。骨組みができて、何を書くかが見出しごとに決まっているので、文章も書きやすくなっているはずです。

Chapter 6

文章を書く

本章では、文章を書くことをテーマに取り上げます。見出しが骨組みであれば、本文は肉に当たります。ドキュメントの骨組みは前章で組み終えていますから、次のステップは骨への肉付けです。

　文章を書くときに意識するのが、話のまとまりです。1つの見出しの中でも、読み手に伝える情報はいくつもあるはずです（一言で済む内容であれば、そもそも見出しは不要です）。それらの情報を伝える際に、話題がバラバラに行ったり来たりしていては、何の話をしているのか相手はわからず、納得も得られません。Aの話、次にBの話と、話にまとまりを持たせて、一つ一つの話題に相手の納得を得ながら話を進めていくことが大切です。

　本章のゴールは、話にまとまりがありながら、かつ全体に1本の筋が通った文章を書くコツを身につけることです。と言うと難しそうに聞こえますが、話にまとまりを持たせることには、書き手にとって文章を書きやすくなる効果もあります。本章は、アウトラインはできたけれど本文をなかなか書けない、という方にとって役立つ内容になるはずです。

　本章では、まずパラグラフとその構造についてお話しします。そして、複数のパラグラフを組み合わせて話の筋が通った文章を書くためのプロセスをお話ししていきます。パラグラフをきちんと書けるようになると、まとまりのある文章を効率良く書けるようになります。

ついに！ついに中身を書くんですね！

 その通り！「見出し」という箱を作り終えたら、あとは埋めるだけだよ。

 さあ書くぞ！…ってあれ？コノハコニナニヲイレレバイインダッケ…？

 また真っ白モードになってる！？

6-1 1つの話題をまとめるパラグラフ

　話のまとまりを作るのがパラグラフです。パラグラフについては2章でも取り上げましたが、パラグラフを意識することは文章を書く上で大事なことなので、ここではパラグラフについてさらに掘り下げてお話しします。
　話のまとまりとは、1つの話題のことで、それは「言いたいこと」と「その理由や説明」の組み合わせです（図6-1）。この両者をセットにして、一つ一つの話題に対して読み手の納得を得ていきます。文章を書くとき、「言いたいこと」は当然頭の中にあるはずです（無ければ、そもそも書く意味がないですよね）が、言いたいことだけ話していても読み手の納得は得られません。書き手にとって当たり前のことでも、読み手にとっては当たり前ではないのです。言いたいことの理由や説明を十分に付け加えていくことも

欠かせません。

図6-1 話のまとまりを作るパラグラフ

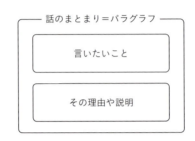

1つの見出しはたいてい複数のパラグラフで構成され、それぞれのパラグラフで言いたいことが、1つの見出しの中で言いたいことに結びつきます（図6-2）。一つ一つの話題に納得できても、それぞれの話題につながりがなくては、全体として何が言いたいのかわからなくなってしまいます。各パラグラフへの納得を通じて、全体への納得につながっていかなければいけません。本文の内容をできるだけ具体的に示すのが見出しですから（5章を思い出してください）、各パラグラフの言いたいことをつなげると、見出しへとつながることになります。

図6-2 パラグラフと見出しの「言いたいこと」の結びつき

このパラグラフのつながりは当たり前のように感じるかもしれませんが、意識しないとつながりが切れてしまうことがよくあります。読んでい

て流れに違和感を感じる文章は、パラグラフのつながりの途切れが原因になっていることが多いです。

パラグラフのつながりをチェックする簡単な方法は、それぞれのパラグラフで言いたいことだけを抜き出して、つなげて読んでみることです。読んでみて、見出しの中全体で言いたいことにつながっていれば、筋道が通った文章だということになります。

パラグラフで言いたいことをズバリと言う

1つの話のまとまり、つまりパラグラフで一番大事なのは、もちろんそのパラグラフで言いたいことです。話にまとまりを持たせても、結局何が言いたいのか読み手がわからないようではいけません。言いたいことがきちんと読み手に伝わるように工夫が必要です。

言いたいことが確実に伝わるように、各パラグラフでは、そのパラグラフで言いたいことを一言でズバリと言います。その役割を持つのが、1章と2章でも紹介した「中心文」（英語では「Topic Sentence」）です（図6-3）。中心文はパラグラフの中核を担い、読み手の「要はどういうこと？」とい

う疑問に答えます。

図6-3　言いたいことを一言で伝える中心文

　言いたいことは、1つのパラグラフにつき1つにするのが原則です。1つのまとまりに複数の言いたいことが混じると、何が言いたいのかがわかりづらくなってしまいます。パラグラフを書いていて、言いたいことが複数出てきたら、そのときはパラグラフを分割します。

　そして、言いたいことは、できるだけパラグラフの冒頭で言います。最初に要点を掴んでから詳細へと進むほうが、読み手にとって話が頭に入りやすくなるからです。また、言いたいことを最初に言うことは、5章でお話しした「重要なことから」の原則にも沿います。何が言いたいのか最後までわからないようでは、読み手はイライラしてしまいます。言いたいことがわかれば、読み手は次のパラグラフへと読み飛ばすこともできます。

　言いたいことを確実に伝えるために、その言いたいことをパラグラフの最後に改めて伝える工夫もできます。その役割を持つのが「結論文」（英語では「Concluding Sentence」）です。結論文には、言いたいことを最後に

改めて述べることで、それを強調する効果があります。ただし、あくまで強調の役割なので、結論文を書くことは任意です。

言いたいことの理由や説明を添える

パラグラフで一番大事なのは「言いたいこと」だとお話ししましたが、「その理由や説明」もやはり大事です。「言いたいこと」だけ話していては、読み手を置いてきぼりにしてしまいます。**先を急がず読み手に併走して、一つ一つの話題に読み手の納得を得ながら話を進めていき、読み手と一緒にゴール（全体の理解）に辿り着くこと**を目指します。

言いたいことに対して読み手がきちんと納得を得られるように、各パラグラフでは、言いたいことの理由や説明を述べます（図6-4）。その役割を持つのが「支持文」（英語では「Supporting Sentence」）です。支持文はパラグラフの土台を担い、具体例を出したり、別の言葉で言い換えたりしながら、1つの話題についての読み手の理解を支えます。

図6-4 言いたいことの理由や説明を伝える支持文

6-2 話題のまとまりを意識すると書きやすくなる

　ここまで、読み手にとってのメリットを中心にして、パラグラフ、中心文、結論文、支持文の役割をお話ししてきました。

　文章を話題のまとまりに分けて書くことには、「書きやすくなる」という、書き手にとってのメリットもあります。ただでさえ書くのが難しい文章に、「言いたいことをズバリと」、「その理由や説明も」などと要件を追加されて、ますます書ける気がしなくなってしまったかもしれません。ですが、やってみると、意外にも逆に文章を書きやすくなるのです。

　1つめの理由は、書くことが小さい単位で決まるからです。これは前章でアウトラインを作ったときにも挙げた理由ですが、**書くことが見出しよりさらに小さい単位で決まれば、書くべきこともさらにハッキリします。**なにしろ書くことが1つの「言いたいこと」にまで小さくなったのですから、何を書くかは決まっています。その言いたいことが読み手に伝わるよう、ズバリと書けばいいのです。

　2つめの理由は、話の流れを作りやすくなるからです。1つの見出しの中で言いたいこと（それが見出しの名前になるのでした）につながるように**各パラグラフの中心文を書けば良いのです**。中心文を抜き出して順に読んでいけば、話の流れに筋が通っているかどうかの確認も簡単にできます。

　3つめの理由は、パラグラフの文章を展開しやすくなるからです。文章を書こうとして、書きたいことが1文、あるいは数文で書き終わってしまい、そのあとに続く文が思い浮かばない、という経験はないでしょうか。**「言いたいこと」と「その理由や説明」に分けて書く**ことで、パラグラフの文章を展開しやすくなります。

6-3 パラグラフを展開する3つのパターン

「パラグラフで言いたいことの理由や説明を述べる」という支持文の役割をお話ししましたが、この「理由や説明」をより具体的に言うと、支持文の展開には主に次のパターンがあります。

- 言いたいことの理由を述べる
- 言いたいことの説明を述べる
- 言いたいことの具体例を挙げる

これらのパターンの中から選ぶと、パラグラフの文章を考えやすくなります。

図 6 - 5　どの方法で支持文を展開するかを選んでいく

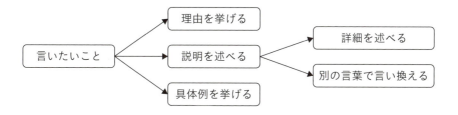

言いたいことの理由を述べる

支持文を展開するパターンの一つが、言いたいことの理由を述べていくことです。パラグラフで言いたいことが当たり前でなければ、読み手は

「なぜ？」と思うはずです。その疑問に支持文で答えます。「なぜなら・・・」と理由を挙げたり、「そうすれば・・・」と得られるメリットを挙げたり、あるいは「そうしないと・・・」と起こり得る問題を挙げたりといった具合です。

たとえば、スマートフォンを業務で使えるようにすべきと提案するなら、例6－1のように支持文を展開できます。言いたいこと（「業務でスマートフォンを活用することが生産性の向上につながる」）をズバリと端的に言ってから、その理由を挙げます。「移動中や外出先でも作業を進められるから」と理由を挙げ、移動中と外出先のそれぞれについて具体例を出して説明していきます。このように、段階を追って読み手の納得を深めていきます。

> **例6－1 「言いたいこと」の理由を述べていく例**
> 業務でスマートフォンを活用することは生産性の向上につながります。スマートフォンを使うことで、移動中や外出先での空き時間を利用して業務を進めることが可能になります。たとえば、出勤時の電車の中でメールを読んでおけば、忙しい朝の時間を節約でき、またちょっとした返信もその場で済ませることができます。外出先で報告書を作成して提出すれば、報告書を作成しにわざわざオフィスに戻ることも不要になります。

言いたいことの説明を述べる

別のパターンとして、言いたいことの詳しい説明を述べていくこともあります。「つまり・・・」と詳細を述べたり、別の言葉で言い換えたりして、読み手の理解を助けます。さきほど「各パラグラフでは、そのパラグラフ

で言いたいことを一言でズバリと言う」とお話ししましたが、**一言で端的に言おうとすれば、情報が削ぎ落とされます。その削ぎ落とした情報を支持文で補う**わけです。

例として、スマートフォンとは何かを説明するなら、例6−2のように支持文を展開できます。言いたいこと（「スマートフォンは、携帯電話とパソコンの機能を併せ持つ携帯機器」）をズバリと端的に言ってから、パソコンの機能を併せ持つとはどういうことかの詳しい説明をあとに続けます。このように概要から詳細へと流すことで、読み手が理解しやすい説明になります。

> **例6−2「言いたいこと」の説明を述べていく例**
>
> スマートフォンは、携帯電話とパソコンの機能を併せ持つ携帯機器です。通話したり、メッセージを送ったりといった電話としての機能だけでなく、インターネットで情報を得たり、音楽や動画を楽しんだり、撮った写真や動画を加工してインターネットで共有したりと、まるで小さなパソコンとも言えるさまざまな機能を持ちます。さらに、パソコンと同じように、「アプリ」と呼ばれるアプリケーションソフトウェアを入れて機能を追加することもできます。

言いたいことの具体例を述べる

さらに別のパターンは、言いたいことの具体例を述べていくことです。言いたいことの概要を中心文で述べて、支持文で「たとえば・・・」と具体例を挙げて読み手の理解を深めていきます。具体例が挙がるとわかりやすいことは、みなさんの経験にもあるはずです。

たとえば、スマートフォンのカメラ機能を説明するなら、例6－3のように支持文を展開できます。言いたいこと（「スマートフォンは写真や動画の撮影機器としても広く使用されている」）をまず言ってから、具体的な使用例をあとに続けます。このように概要から具体へと流すことで、読み手の理解が徐々に深まります。

> **例6－3「言いたいこと」の具体例を述べていく例**
> スマートフォンは写真や動画の撮影機器としても広く使用されています。多くのスマートフォンは高性能なカメラを備えていて、日常生活や旅行先などで手軽に美しい写真や動画を撮影できます。そして、撮った写真をスマートフォンを使ってその場で加工したり、友人に共有したり、ソーシャルメディアに投稿したりすることも、撮影の楽しみ方の一つになっています。

　このように支持文は、1つの話題に対する読み手の理解を支える土台として働きます。パラグラフで言いたいことの理由を述べたり、より詳しく述べたり、あるいは別の言葉に言い換えたり、具体例を挙げたりと、あの手この手で読み手の「なるほど！」を導きます。

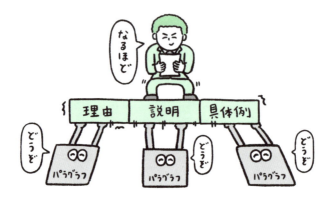

普段文章を読むときも、パラグラフがどのように展開されているかをぜひ意識して読んでみてください。自分が文章を書くときのための学びにもなるはずです。

6-4 パラグラフを展開する

さてさて、それではパラグラフの展開を実践していきましょう。前章でのアウトラインの作成と合わせて理解するため、前章と同じく、公開チャット機能のマニュアルの例を使います。前章で作ったアウトラインの中から1つめと2つめの見出しを取り上げ、この中の文章を書いていくことにします。

- ● 匿名で誰でも楽しめるチャットルーム
- ● 管理者ができること

この見出しの中を書いてみよう

- ● 公開チャットはこんなときに使える
    - ○ 共通の趣味や興味を持つ人たちで集まって話す
    - ○ 地域のコミュニティーで情報交換する
    - ○ イベントや活動を計画する
- ● 公開チャットの使い方
    - ○ チャットルームに参加する
    - ○ ニックネームとアイコンを設定する
    - ○ チャットルームを作成する
    - ○【管理者のみ】参加者を管理する

> ○【管理者のみ】不適切なメッセージを削除する
> ○【管理者のみ】チャットルームを削除する

　ここまでお話ししたとおり、パラグラフは「言いたいこと」と「その理由や説明」に分けて書くことで、書き手にとっても書きやすく、読み手にとってもわかりやすくなります。次の順に書くと良いでしょう。

1. パラグラフを割り当てる要素を選ぶ
2. 各パラグラフで言いたいことを書く
3. 話の流れを確認する
4. 言いたいことの理由や説明を書く

それぞれのステップについて順を追って説明していきます。

Step 1 パラグラフを割り当てる要素を選ぶ

　まずは、テーマを分解してできた要素の中から、パラグラフを割り当てる要素を選びます。アウトラインを作るときと同じで、すべての要素にパラグラフを割り当てる必要はありません。単純な要素だったり、読み手にとって既知の要素だったりに対しては、理由や詳しい説明をわざわざ言う必要はないからです。**理由や詳しい説明が必要な要素だけにパラグラフを割り当てます。そうでない要素は、ほかのパラグラフと結合します。**

　では、さっそく具体例を見ていきましょう。

　前章では見出しの中のアウトラインを次のように組みました。仕様書を眺めながら、どの機能にどの程度の量の説明が必要になるかを検討します。

```
● 匿名で誰でも楽しめるチャットルーム ────── 見出し
  ○ チャットルームに参加する機能        ┐
  ○ ニックネームとアイコンを設定する    ├ 内容が多いので、そ
    機能                                  │  れぞれをパラグラ
  ○ チャットルームを作成する機能        ┘  フにする
● 管理者ができること ──────────────── 見出し
  ○ 管理者が参加者を管理する機能        ┐ 内容が少ないので、
  ○ 管理者が不適切なメッセージを削除    ├ 1つのパラグラフに
    する機能                              ┘ まとめる
  ○ 管理者がルームを削除する機能        ┤ 内容が多いので、パ
                                           ラグラフにする
```

　今回の例では、「管理者が不適切なメッセージを削除する機能」は説明の量が少なくなりそうなので、「管理者が参加者を管理する機能」と同じパラグラフにまとめることにします。この2つの機能は、チャットルームの運営のための機能としてまとめられそうです。

　できあがったものをパラグラフの構成の仮組みとします。実際に書いてみると、思ったより書くことが多くて1つのパラグラフを複数に分割したり、逆に書くことが少なく複数のパラグラフを1つにまとめたりといったことはよくあります。ですが、このようにトップダウンの視点でパラグラフの構成を仮組みしておくことで、まとまりの良い文章になります。

　さて、構成ができたら、文章を書いていきます。

Step 2 各パラグラフで言いたいことを書く

　最初に書くのは、各パラグラフで言いたいこと、つまり中心文です。いきなりパラグラフ全体を書こうとすると難しく、キーボードの手が止まっ

てしまう人も多いと思います。そこで筆者がすすめているのが、**まずは言いたいことだけを書くこと**です。言いたいことそのものですから、中心文はパラグラフの中で最も書きやすい文のはずです。さらに、中心文だけを書くと、各パラグラフの中心文のつながりをチェックしやすいメリットもあります。

　では、1つめのパラグラフの中心文を書きましょう。1つめのパラグラフはリード文で、この見出しの中で言いたいことや、見出しの中の概要、全体像を伝えます。

　この見出しの中で言いたいことは、見出しのとおり、「公開チャットは匿名で誰でも楽しめるチャットルームである。」ということです。そこで、まずその言いたいことをズバリと書きましょう。ここでは「公開チャットは、匿名で誰でも楽しめるチャットルームです。」と書きます。

> 見出し：**匿名で誰でも楽しめるチャットルーム**
> 公開チャットは、匿名で誰でも楽しめるチャットルームです。

　あとに続くパラグラフの中心文も書きましょう。
「匿名で誰でも楽しめるチャットルーム」のテーマを分解した話題に沿って中心文を書いていきます。

- チャットルームに参加する機能について
- ニックネームとアイコンを設定する機能について
- チャットルームを作成する機能について

　中心文は、それぞれの機能の概要が伝わるように、また、見出しで言いたいことにつながるように書きます。そこで、2つめのパラグラフでは

「誰でも自由に参加できる」ことを、3つめのパラグラフでは「匿名で参加できる」ことを中心文に含めました。

> 見出し：匿名で誰でも楽しめるチャットルーム
> 公開チャットは、匿名で誰でも楽しめるチャットルームです。
> 公開チャットのチャットルームには自由に参加できます。
> プライバシーを保ちながら匿名で気軽にチャットルームに参加できることも、公開チャットの特長です。
> さらに、自分でチャットルームを作成することもできます。

続いて、「管理者ができること」の見出しの中へと進みましょう。

ここでも、まずはリード文で見出しの中で言いたいことの概要を述べてから、「管理者ができること」を分解した話題に沿って中心文を書いていきます。ここでもやはり、見出しの中のテーマである「管理者ができること」につながるように中心文を書きます。

- 管理者が参加者を管理する機能と、不適切なメッセージを削除する機能について
- 管理者がルームを削除する機能について

> 見出し：匿名で誰でも楽しめるチャットルーム
> 公開チャットは、匿名で誰でも楽しめるチャットルームです。
> 公開チャットのチャットルームには自由に参加できます。
> プライバシーを保ちながら匿名で気軽にチャットルームに参加できることも、公開チャットの特長です。
> 見出し：**管理者ができること**

> チャットルームを作成すると、そのルームの管理者になり、チャットルームの管理権限を持ちます。
> 管理者は、参加者が快適にチャットを楽しめるようにするために、参加者の管理と、メッセージの削除が可能です。
> 管理者は必要に応じてチャットルームを削除することもできます。

　これで各パラグラフの中心文を書き終えました。これだけでも文章らしくなっていますよね。逆に、この時点で文章らしくなっていなければ、このあと支持文や結論文を書き足しても、話の筋が通らない文章になってしまいます。そこで、中心文を適切に書けているかどうかを次にチェックします。

Step 3 話の流れを確認する

　各パラグラフの中心文を書けたら、それらが話の筋としてつながっていることを確認します。各パラグラフで言いたいことは、見出しで言いたいことに結びつかなければいけません。そうでないと、論理の通らない文章になってしまい、読み手は納得できません。そこで、このあと支持文や結論文を書き足す前に、話の筋が通っていることを確認しておきます。

　確認の仕方は簡単で、中心文だけを通して読んでみて、見出しの中で言いたいことに結びついていることを確認するだけです。見出しの中で言いたいことは、つまり見出しです。結びついていれば、話の筋が通っています。今回の例では、中心文をつなげて読んでみて、「公開チャットは匿名で誰でも楽しめるチャットルームであること」と、「管理者ができること」のテーマにつながっていることを確認できればOKです。

　なお、今回は説明のわかりやすさのため単純な例を取り上げましたが、

実際には、テーマにつなげるために中心文の付け足しが必要になることが多いでしょう。支持文や結論文を書く前に中心文を整えておくことで、あとの手戻りを防げます。

Step 4 言いたいことの理由や説明を書く

話の筋を確認できたら、各パラグラフの文章を書き足していきます。中心文で書いた「言いたいこと」への読み手の理解を支える支持文を書いていきます。

では、1つめのパラグラフの支持文を書きましょう。

1つめのパラグラフでは、見出しの中で話すことの全体像を述べます。見出しの中で言いたいことは、見出しのとおり「公開チャットは、匿名で誰でも楽しめるチャットルームである」ということです。このことを見出しの中で述べていくにあたって、まずは全体像として、後続するパラグラフで述べる3つの話題をそれぞれ述べます。

- 自由にルームに参加できること
- 匿名でルームに参加できること
- 自由にルームを作成できること

> 見出し：匿名で誰でも楽しめるチャットルーム
>
> 公開チャットは、匿名で誰でも楽しめるチャットルームです。**趣味や興味などをテーマにしたさまざまなチャットルームがあり、匿名で自由に参加できます。また、自分でテーマを決めてチャットルームを作ることもできます。**

支持文を展開するパターンでいうと、「言いたいことの説明を述べる」にあたります。

図 6 - 6　言いたいことの説明を書く

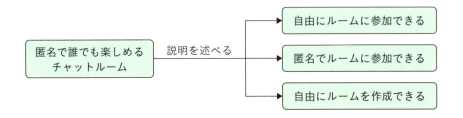

次に、2つめのパラグラフの支持文を書きます。

このパラグラフで言いたいことは、「公開チャットのチャットルームには自由に参加できる」ことです。このことへの読み手の理解を深めるために、どのように自由に参加できるのかを具体例を挙げて説明します。カテゴリーからルームを選んで参加できること、検索してルームを選んで参加できること、招待されて参加できること、と具体例を述べていきます。

> 公開チャットのチャットルームには自由に参加できます。カテゴリーから選んだり、キーワードで検索したりして、自分の興味に合ったチャットルームを見つけられます。また、参加者からの招待を受けて特定のチャットルームに参加することもできます。

支持文を展開するパターンでいうと、「言いたいことの具体例を挙げる」にあたります。

そして、3つめのパラグラフの支持文を書きます。

図6-7 言いたいことの具体例を書く

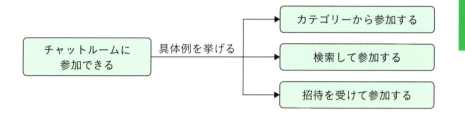

3つめのパラグラフで言いたいことは、「プライバシーを保ちながらチャットルームに参加できる」ことです。このことへの読み手の理解を深めるために、なぜプライバシーを保てるのかを理由を挙げて説明します。ニックネームやアイコンで参加すること、本名やプロフィールはほかの参加者に公開されないこと、と理由を述べていきます。

> プライバシーを保ちながら匿名で気軽にチャットルームに参加できることも、公開チャットの特長です。公開チャットに参加するときには、プロフィールの名前とは異なるニックネームやアイコンを設定できます。ほかの参加者に本名やプロフィールが公開されることはありません。

支持文を展開するパターンでいうと、「言いたいことの理由を述べる」にあたります。

図 6 - 8　言いたいことの理由を書く

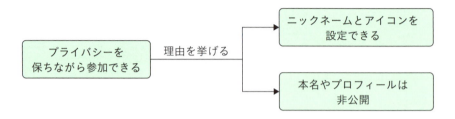

　続いて、4つめのパラグラフです。
　4つめのパラグラフで言いたいことは、「自分でチャットルームを作成することもできる」ことです。このことへの読み手の理解を深めるために、中心文でまずそのことを端的に述べ、支持文では詳細を説明します。ルームに設定できること、設定はあとで変えられることなどを述べていきます。支持文を展開するパターンでいうと、ここは「言いたいことの説明を述べる」にあたります。

> さらに、自分でチャットルームを作成することもできます。ルームの名前、説明、カバー画像などを設定し、ルームのテーマや雰囲気に合わせて見た目をカスタマイズできます。また、参加ルールやガイドラインを設けることも可能です。これらの設定は、あとからいつでも変更できます。

　「管理者ができること」の中の支持文も同様に書いていきます。ここまでで挙げた支持文の展開と同様ですので詳しい説明は省きますが、1つめと2つめのパラグラフは具体例で、3つめのパラグラフは詳細の説明で支持

文を展開しています。

> 見出し：**管理者ができること**
>
> チャットルームを作成すると、そのルームの管理者になり、チャットルームの管理権限を持ちます。**管理者は、チャットルームの中で次のことができます。**
>
> - ● チャットルームの参加者を管理する
> - ● 不適切なメッセージを削除する
> - ● チャットルームを削除する
>
> 管理者は、参加者が快適にチャットを楽しめるようにするために、参加者の管理や、メッセージの削除が可能です。**不適切な投稿をする参加者を退出させることができるほか、特定の参加者に対してメッセージの投稿を制限できます。また、不適切なメッセージを削除することもできます。**
>
> 管理者は必要に応じてチャットルームを削除することもできます。用途を終えて不要になったチャットルームは削除することで、参加するルームの一覧を整理できます。削除したチャットルームは、参加者のアプリからも削除されます。

　これで見出しの中の本文が完成しました。このように、パラグラフを割り当てる要素を選ぶ、各パラグラフで言いたいことを書く、話の流れを確認する、言いたいことの理由や説明を書く、の4つのステップを経て、アウトラインが文章へと変わります。「言いたいこと」と「理由や説明」に分けて書くことで、効率良く、筋が通った文章を書けるようになるのです。

6-5 並列の情報は表現を揃える

　本章の締めくくりとして、最後に「並列の情報は表現を揃える」工夫を紹介します。5章では、分解したテーマには「順列の要素」と「並列の要素」があることがわかりました。**順列の要素とは、内容に依存関係がある要素や、内容に時系列での順序関係がある要素のことで、並列の要素とは、それらの関係がない要素のこと**です。このうち並列の要素は、表現を揃えて書く工夫ができます。この工夫は「パラレリズム」と呼ばれます。

　並列の情報は表現を揃えて書くと、情報の並列関係がわかりやすくなります。また、読み手は文章の展開を予測してから読めるようになります。パラレリズムを意識して書かれた文章は、読みやすく、情報が頭にスッと入ります。

　たとえば本章では、「話題のまとまりを意識すると書きやすくなる」理由を、次のように表現を揃えて書きました。このように、パラレリズムを意識することで、並列の関係がわかりやすくなります。そして、「次は2つめの理由が来るだろうな」と、文章の展開を予測できるようになります。

1つめの理由は、書くことが小さい単位で決まるからです。これは前章でアウトラインを作ったときにも挙げた理由ですが、書くことが見出しよりさらに小さい単位で決まれば、書くべきこともさらにハッキリします。なにしろ書くことが1つの「言いたいこと」にまで小さくなったのですから、何を書くかは決まっています。その言いたいことが読み手に伝わるよう、ズバリと書けばい

いのです。

2つめの理由は、話の流れを作りやすくなるからです。1つの見出しの中で言いたいこと（それが見出しの名前になるのでした）につながるように各パラグラフの中心文を書けば良いのです。中心文を抜き出して順に読んでいけば、話の流れに筋が通っているかどうかの確認も簡単にできます。

3つめの理由は、パラグラフの文章を展開しやすくなるからです。文章を書こうとして、書きたいことが1文、あるいは数文で書き終わってしまい、そのあとに続く文が全然思い浮かばない、という経験はないでしょうか。「言いたいこと」と「その理由や説明」に分けて書くことで、パラグラフの文章を展開しやすくなります。

　モノや概念を説明する場合にも、表現を揃えて書くことで構成要素同士の関係がわかりやすくなります。たとえば、CI/CDのプロセスは次のように説明できます。継続的インテグレーション・継続的デリバリー・継続的デプロイという3つの構成要素を並べ、表現を揃えて書くことで並列関係をわかりやすくします。

継続的インテグレーションは、変更があったコードを自動的にビルド・統合・テストし、ソフトウェアの品質を安定的に保つ開発プロセスです。ビルドからテストまでのサイクルを継続的に実行することで、開発中に発生するバグを迅速に改修します。

継続的デリバリーは、継続的インテグレーションに続くプロセスとして、テストされたソフトウェアをテスト環境に自動的にデプロイするプロセスです。実際に触って使えるソフトウェアを継続

的に提供することで、ソフトウェアの更新を、お客様に提供する前に検証できます。

継続的デプロイは、テストされたソフトウェアを本番環境にまで自動的にデプロイするプロセスです。 開発者による最新の変更を顧客が使用できるようにします。継続的デリバリーと継続的デプロイの違いは、本番環境への適用に手動での承認を必要とするか否かという点です。

まとめ

　本章では、見出しの中の文章を書く方法を学びました。

　文章を話題のまとまり（パラグラフ）に分けて書くことで、文章を書きやすくなります。話題のまとまりとは、1つの「言いたいこと」と、「その理由や説明」のセットでした。この最小セットにまで書くことを小さく分けることで、書くべきことがハッキリします。

　そして、文章をさらに書きやすくする1つの手段として、各パラグラフの「言いたいこと」だけをまず書く、という方法を紹介しました。言いたいことをそのままズバリと書けばいいので、書きやすいはずです。さらに、話の筋が通っているかどうかをチェックできるメリットもあります。

　文章をさらに書きやすくするもう1つの手段として、「理由や説明」を展開する3つのパターンを紹介しました。

- 言いたいことの理由を述べる
- 言いたいことの説明を述べる
- 言いたいことの具体例を挙げる

　これらのパターンからどの方法でパラグラフを展開しようかと考えると、文章が思い浮かびやすくなるはずです。

　次章では、文章からさらに粒度を上げて、文を読みやすく書くテクニックを学びます。本章で学んだ話の筋を作ることに加えて、一読で読めてスッと情報が頭に入る文で書くことを目指します。

Chapter 7

わかりやすい文を書く

本章では、文を書くことをテーマに取り上げます。前章までで、「何を書くか」は明確になっているはずです。ですから、残るは「どう書くか」だけです。

　前章では話の筋が通った文章の組み立てをゴールにしたのに対して、本章では、文章の中の一文一文をきちんとわかりやすく書くことを目指します。読み手の目の動きを止めず、一度読み流すだけで情報が頭に入る文章が理想です。「どう書くかだけ」と言いましたが、同じことを書くにも書き方によってわかりやすさに差が出ることが本章を読めばわかるはずです。

　本章ではまず、わかりやすい文とはどんな文であるかを考えます。一言で「わかりやすい」と言っても、考えてみると曖昧で、いろいろな解釈ができます。そこで、どんな文を目指すかをはじめに確認した上で、どうすれば理想の文に近づくかをお話ししていきます。

　なお本章では、わかりやすい文にするために意識するポイントを最低限に絞ってお伝えします。本書をお読みの皆さんの多くはプロのライターを目指すわけではないでしょうから、ポイントを絞ったほうが普段の仕事に活かしやすいでしょう。文の書き方をより深く理解したい方には、『日本語スタイルガイド』（一般財団法人テクニカルコミュニケーター協会 著・発行）をおすすめします。

二人とも、ドキュメント書くの好きになってきたかな？

 何を書けばいいのか悩まなくなりました！

 僕も、完成までの時間が短くなった気がします。

 それは何より。それじゃ仕上げに、ドキュメントをさらにわかりやすくするための文の書き方を教えておくね！

7-1 わかりやすい文とは

　さて、具体的な書き方の話に入る前に、そもそもわかりやすい文とは何かをおさらいしておきましょう。

　1章では、「わかりやすいドキュメント」を「ユーザビリティの高いドキュメント」と定義しました。ユーザビリティはISO9241-11でEfficiency・Effectiveness・Satisfactionの3つの要素を満たすものとして定義されています。ドキュメントに置き換えると、「効率良く理解できること」、「必要な情報を正しく得られること」、そして「不快さがなく、ポジティブに受け止められること」の3つの要素を満たすことと捉えられます（図7-1）。

　ユーザビリティが高いドキュメントを目指すために、一文一文もユーザ

図7-1 良いドキュメントの3つの要素（再掲）

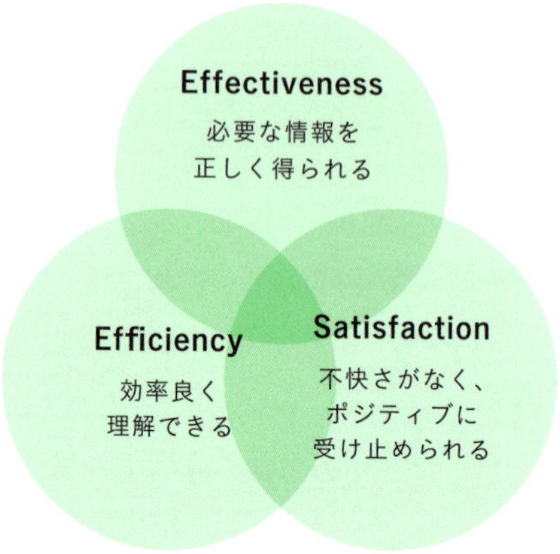

Effectiveness
必要な情報を
正しく得られる

Efficiency
効率良く
理解できる

Satisfaction
不快さがなく、
ポジティブに
受け止められる

ビリティが高いものにしたいところです。小説のような文学的な表現や比喩は不要です。筆者はよく「同じような表現を繰り返した文章になってしまう」との相談を受けることがありますが、ドキュメントでは表現の豊かさも不要です。むしろ、同じ意味のことは同じ語で表現することが好まれます。**明確で正確な言葉を優先し、冗長な表現や修飾語は避け、情報が効率的に伝わるように**書きます。

そこで、「わかりやすい」を分解して、次の3つの要素を満たすように書くことを目指すことにします。

- 効率良く理解できる
- 正しく理解できる
- ポジティブに受け止められる

以降では、私たちが目指す「ユーザビリティの高い文」を「実用文」と

呼びます。情報伝達の手段として実用的な文を目指そうというわけです。

7-2 効率良く理解できるように書く

　ドキュメントは読み手にとって、情報を得るための手段です。業務のやり方を調べたり、開発中のプロダクトの仕様を調べたりと、目的の達成のために必要に迫られて読み手はドキュメントを読みます。

　ですから、ドキュメントには効率良く情報を得られることが求められます。そのために、前章までで次の工夫をしてきました。

- テーマの分解：テーマを「なぜ・何を・どうやって」に分解して整理する。さらに、伝える対象のモノや概念を構造化して、その構造に沿って情報が読み手の頭に入るように工夫する。
- アウトラインの組み立て：テーマの構造に沿ってアウトラインを組み立て、リード文・見出し・中心文から要点を掴みながら読めるように工夫する。また、どこに何が書いてあるかが見出しからわかるように工夫する。
- パラグラフの組み立て：「言いたいこと」と「その理由や説明」を分けて書き、要点を掴みながら読めるように工夫する。

　本章ではさらに、情報を素早く読み取れるように文の書き方を工夫します。意識するのは次のポイントです。

- 重要なことから書く

- 読み手の視点で書く
- 能動態と受動態を使い分ける
- 簡潔に書く
- 読点や箇条書きで並列関係をはっきりさせる

重要なことから書く

　実用文は重要なことから書きます。1章でお話ししたとおり、ドキュメントは（残念ながら？）一部しか読んで貰えません。そのことを前提にして書かなければなりません。すると必然的に、最も伝えたいこと、重要なことを先に書くことになります。**情報に優先度を付けて、優先度が高いことから書きます**。

　たとえば、1つのパラグラフで言いたいことは、なるべくそのパラグラフの冒頭に書きます。①言いたいこと ②その理由や説明、の順で伝えます。言いたいことさえ伝われば、その理由や説明は読み飛ばされても問題ありません。

> 改善前（理由 → 言いたいことの順）
>
> 　出勤時の電車の中でメールを読んでおけば、忙しい朝の時間を節約でき、またちょっとした返信はその場で済ませておけます。外出先で報告書を書いて提出すれば、報告書を書きにオフィスに戻ることも不要になります。**よって、業務でスマートフォンを活用することは生産性の向上につながります**。

> **改善後（言いたいこと → その理由の順）**
>
> **業務でスマートフォンを活用することは生産性の向上につながります**。出勤時の電車の中でメールを読んでおけば、忙しい朝の時間を節約でき、またちょっとした返信はその場で済ませておけます。外出先で報告書を書いて提出すれば、報告書を書きにオフィスに戻ることも不要になります。

読み手の視点で書く

　実用文は読み手の視点で書きます。**ドキュメントを読む本人の視点で書くことが、読みやすさとわかりやすさにつながります**。ですが、つい無意識に、自分の視点（つまり書き手の視点）で文を書いてしまいがちです。そうすると、読み手は自分に置き換えながらドキュメントを読まねばならなくなります。

　たとえば、プロダクトの仕様を説明するにも、プロダクトの仕様書とマニュアルでは読み手の視点が異なります。仕様書の主な読み手は開発者です。対して、マニュアルの読み手はプロダクトのユーザーです。

　読み手が違えば、同じ仕様を説明するにも適した文の書き方は異なります。仕様書は開発者の視点で書くことが適切です。対してマニュアルはユーザーの視点で書くことが適切、ということになります。

　ですが、エンジニアの方はつい仕様書と同じ意識でマニュアルの文章を書いてしまうことがあります。そうすると、マニュアルの読み手には合わない文になってしまいます。読み手の視点で書くことを常に意識しなければなりません。

　たとえば、プロダクトの設定の説明は、読み手視点で書くとわかりやす

くなります。改善前の文は開発者の視点で書かれています。つまり、仕様書の項目仕様としては適した説明です。ですが、マニュアルの説明が開発者の視点で書かれていると、読み手は「この設定は自分にとってどういう価値があるんだろうか」と考え、読み替えて理解しなければなりません。

> 改善前（開発者の視点）
>
> 　アプリの自動アップデートが有効になっていると、定期的にアップデートの有無をチェックし、自動的にアプリをアップデートします。

> 改善後（ユーザーの視点）
>
> 　アプリの自動アップデートを有効にすると、常に最新版のアプリを使用できます。

プロダクトのユーザーが読み手であれば、**プロダクトの仕様がユーザーにとってどのような価値があるか、どのような影響があるか**を考え、ユーザーの視点で書きましょう。

能動態と受動態を使い分ける

プロダクトの動作を読み手（ユーザー）の視点で書くと、読み手の操作は能動態に、プロダクトの動作は受動態になります。能動態は、動作や作用の主体を主語にした動詞の形式で、「AがBに何々する」のように表現されます。対して受動態は、他からの作用を受ける対象を主語にした動詞の形式で、「BがAに何々される」のように表現されます。**読み手視点で文を書くには、この能動態と受動態をうまく使い分ける必要があります。**

たとえば、プロダクトの設定の説明は次のように改善できます。改善前は、前半の節は読み手視点なのに対して、後半は開発者の視点になっていて、前半と後半で視点が変わってしまっています。そのせいで、読んで違和感を感じる方も多いと思います。読み手視点に統一しましょう。そうすると、前半の節は能動態に、後半の節は受動態になるわけです。

> **改善前**（前半と後半で視点が変わっている）
>
> アプリの自動アップデートを有効にすると、自動的にアプリをアップデートします。

> **改善後**（視点が統一されている）
>
> アプリの自動アップデートを有効にすると、自動的にアプリがアップデートされます。

簡潔に書く

実用文は「簡潔に、できるだけ短く」を常に意識して書きます。述語動詞が最後に来る文法を持つ日本語には、文を最後まで読まないと結論がわからない特性があります。ですから、1つの文を短くすることが文の意味を掴みやすくするうえで効果的に働きます。

文を短くするための1つの指針として、**「一文一義」**という言葉があります。1つの文には1つの情報だけを入れよう、という意味です。欲張って1つの文に多くの内容を詰め込むと、読み手は次々と来る情報を整理しながら読まなければならなくなり、かえって読み解きに時間が掛かります。情報ごとに文を分け、1つの文を短くします。

ここで言う情報とは、ある特定の話題に関連する事実や情報といった

「事柄」や、人の「行動」のことです。と言っても曖昧でわかりづらいと思いますので、例を挙げてお話しします。

　たとえば次の文例では、文を事柄で分けています。改善前の文には、「iPhoneはデザインが優れている」、「iPhoneは性能が優れている」といった複数の事柄が1つの文に詰め込まれています。それを一文一義に分けたのが改善後の文です。多くの方は改善後のほうが読みやすく感じるはずです。

> 改善前（1つの文に複数の事柄が詰め込まれている）
>
> 　iPhoneはアップル社が開発し販売するスマートフォンで、シンプルで洗練されたデザインを特長とし、高い性能を持ち滑らかに動作します。

> 改善後（一文一義になっている）
>
> 　iPhoneはアップル社が開発し販売するスマートフォンです。シンプルで洗練されたデザインを特長とします。高い性能を持ち、滑らかに動作します。

　別の例として、次の文例では文を読み手の行動で分けています。業務の作業手順や、プロダクトの操作説明では、1つの文で1つの行動だけを述べます。1つの文に複数の行動が詰め込まれていると、読み手は説明を読みながら手順を1つずつ進めていくことがしづらくなります。自分がどの手順まで終えているのかもわかりづらくなり、混乱を招きます。改善後の文では、1つの文が1つの操作だけを述べています。

> **改善前**（1つの文に複数の操作が詰め込まれている）
>
> 　ホーム画面で［設定］を選択し、［Wi-Fi］を選択したのち、Wi-Fiの設定画面で「Wi-Fi」をオンにします。

> **改善後**（1つの文が1つの操作だけを述べている）
>
> 1. ホーム画面で［設定］を選択します。
> 2. ［Wi-Fi］を選択します。
> 　Wi-Fiの設定画面が表示されます。
> 3. 「Wi-Fi」をオンにします。

　なお、一文一義はあくまで文を簡潔にする手段であり、厳密に守ろうとする必要はありません。そもそも一義とは曖昧なもので、その捉え方はさまざまです。たとえば、「iPhoneはデザインや性能が優れている一方で、iPhoneの弱みは・・・」というように、強みと弱みをそれぞれまとめて1つの事柄と捉えて、1つの文とすることもできます。あるいは操作説明に関しても、iPhoneの公式マニュアルでは次のように2つの操作がまとめて1つの文になっています。

　　"1. ホーム画面から、「設定」＞「Wi-Fi」の順に選択します。"

　　　　　　　　　　　　　　　　　　https://support.apple.com/ja-jp/111107

　2つの操作ぐらいであれば覚えられるので、1つの文にまとめたほうが説明をコンパクトにできるという考え方もできます。**「1つの文に含める情報をなるべく減らそう」ぐらいに捉えると良いでしょう**。これだけでグッと文が読みやすくなります。

読点や箇条書きで並列関係をはっきりさせる

1文が長くなりがちなのが、並列の情報が並ぶときです。「この機能ではAやBやCといったことができます。」というように並列の情報が並ぶと、特に文字数が多くなった場合に読みづらくなります。とはいえ、「Aができます。ほかにもBもできます。さらにCも・・・」と区切っても、長ったらしい印象を受けるでしょう。

並列の情報が並ぶときは読点（,）、中点（・）や、箇条書きを活用します。並列関係が視覚的にはっきりして、複数の情報を一度に読み取りやすくなります。これらの3者にはそれぞれメリットとデメリットがあるので、使い分けます。

読点を活用した次の例を見ると、改善後のほうが、4つの例が挙げられていることがわかりやすいはずです。

改善前（並列関係がわかりづらい）

　スマートフォンは、通話やメッセージの送受信やウェブの閲覧や写真の撮影などさまざまな用途に活用できる日常生活に欠かせないツールです。

改善後（並列関係がわかりやすくなっている）

　スマートフォンは、通話、メッセージの送受信、ウェブの閲覧や、写真の撮影などさまざまな用途に活用できる日常生活に欠かせないツールです。

並列する語の区切りには、中点も活用できます。あとでお話しするように読点には複数の役割があるので、中点を活用すると、読点と区別して並

列関係をよりわかりやすく示せます。なお、『数学文章作法』（結城浩 著、筑摩書房）では、列挙の順序を入れ替えてもかまわないときに中点を使う、とされています。

> **改善前**（並列関係がわかりづらい）
>
> 　メッセージアプリでは、テキストメッセージと写真と音声メッセージと動画を送受信できます。

> **改善後**（並列関係がわかりやすくなっている）
>
> 　メッセージアプリでは、テキストメッセージ・写真・音声メッセージ・動画を送受信できます。

　並列関係をわかりやすくするもう1つの方法が、箇条書きを活用することです。並列の情報を箇条書きで並べることで、読点や中点よりもさらに視覚的にはっきりと並列関係を示せます。重要な情報に対しては箇条書きを使ったほうが強調できます。

> **改善前**（並列関係がわかりづらい）
>
> 　管理者は、チャットルームの参加者を管理すること、不適切なメッセージを削除することと、チャットルームを削除することができます。

> **改善後**（並列関係がより強調されている）
>
> 　管理者は次の操作ができます。
> - チャットルームの参加者を管理する
> - 不適切なメッセージを削除する

- ● チャットルームを削除する

　ただし、箇条書きは重要な情報だけに使います。視覚的に目立つことが逆効果になることもあります。さらっと流して良い情報に対して読み手の視点を引き付ける必要はありません。箇条書きを多用すると、重要な情報を伝える箇条書きが目立たなくなってしまいます。

　たとえば、さきほどの読点の活用の文例は、箇条書きで示すほど重要な情報ではないでしょう。スマートフォンの用途の例を紹介する程度です。このようなときは読点や中点を使うべきです。**重要な情報に対しては箇条書きを使い、そうでない情報に対しては読点や中点を使うと良いでしょう。**

7-3　正しく理解できるように書く

　効率良く情報を得られるだけでなく、情報を正しく得られることも、ドキュメントの大事な要素です。正しい情報を書くことは当然ですが、それを誤解なく読み手に伝える必要があります。1章でもお話ししたとおり、

仕様書の解釈が人により違っていたら、開発の現場で大混乱が起こります。「情報を正しく伝える」これは当たり前のようでいて難しいことです。自分でも気付かないうちに、言いたいことがボンヤリした文や、複数の意味に受け取れる文を書いてしまうことはよくあります（「そういうつもりで言ったんじゃない」は政治の世界などでよく聞くセリフですよね）。

　情報を正しく伝えるためには、文の書き方に次の工夫ができます。

- 具体的に書く
- 係り受けを明確にする
- 肯定形で書く

　なお、可能であれば、**書いた文をほかの人にチェックして貰う**こともおすすめします。筆者が所属するチームでも、社外に出す文章に対しては他者によるチェックを必ず入れています。誤解される文には、それを書いた人自身はなかなか気付けません。その文で伝えたいことを書き手は知っているからです。チェックする人がいない場合は、書いてから数日空けて記憶が薄れた頃に、書いた文を読み直してみましょう。

できるだけ具体的に書く

　誤解を招く文によくある原因が、表現の曖昧さです。曖昧な表現は、自分が思う以上に読み手に伝わりません。「簡単に使えます」「素早く使い始められます」など世の中には曖昧な表現が溢れていますが、自分が読み手の立場になると、「本当に？」と疑わしく感じるのではないでしょうか。具体的にどう簡単なのか、具体的にどれぐらい素早く使えるのかを伝えなければなりません。

Chapter7 わかりやすい文を書く

実用文は「具体的に」を意識して書きます。たとえば、「簡単に」と言いたいのであれば、どう簡単なのかを具体的に書きます。

> **改善前**（どのように簡単なのかが曖昧）
> 　メッセージアプリの使い方は簡単です。

> **改善後**（どのように簡単なのかが具体化されている）
> 　メッセージアプリの使い方は簡単です。ホーム画面には友達や家族のリストが表示され、名前をタップするだけでチャットを開始できます。音声メッセージや画像、動画などもボタンをタップするだけで添付できます。

　業務の作業手順や、プロダクトの操作手順など、読み手に何らかの行動を要求するときには、何をすればいいのかを具体的に書きます。特に、何かの確認を依頼するときには、確認した結果がどうなっていれば良いのかまで書きましょう。

> **改善前**（どうなっていれば良いのかが曖昧）
> 　スマートフォンの音量の設定を確認してください。

> **改善後**（何をすれば良いかが明確になっている）
> 　スマートフォンが消音の設定になっていないことを確認してください。

　数字を積極的に使うことも曖昧さをなくす良い方法です。「しばらく」、「数分間」のような曖昧な表現を使うと、人により捉え方が異なってしま

います。数字を使って具体的に表現することを心掛けます。

> 改善前（どれほど早めなのかが曖昧）
>
> アップデートは早めに終わる見込みです。

> 改善後（どれほど早めなのかが具体化されている）
>
> アップデートは通常10分ほどで完了します。

読点や語順で係り受けを明確にする

　誤解を招く文によくあるもう1つの原因が、係り受けの曖昧さです。係り受けとは、修飾語（修飾する語句）と被修飾語（修飾される語句）のつながりのことです。1つの文に複数の修飾語があると、それぞれの修飾語がどこに係るのかが曖昧になることがあります。そして、ときには誤解につながってしまいます。

　たとえば次の例では、改善前の文は係り受けが曖昧で複数の意味に解釈できてしまいます。「簡単な」がどこに係るのかによって、簡単なのはチャットアプリなのか作り方なのか解釈が分かれます。

　係り受けをはっきりさせる手段の1つが、係り受けが曖昧な箇所に読点を打つことです。さきほどは並列関係を明確にする目的で読点を使いましたが、読点は係り受けを明確にするためにも使えます。

> 改善前（「簡単な」が何に係るのか曖昧）
>
> 簡単なチャットアプリの作り方

改善後（「簡単な」が「作り方」に係ることがはっきりした）

簡単な、チャットアプリの作り方

　係り受けをはっきりさせるもう1つの手段が、語順を変えることです。読点を使わなくても、語順を変えることで係り受けがはっきりすることがあります。この文例の係り受けが曖昧なのは、「簡単な」が「チャットアプリ」を修飾しても違和感のない形容動詞であることが原因です。ですから、語順を入れ替えれば係り受けが明確になります。

改善前（「簡単な」が何に係るのか曖昧）

簡単なチャットアプリの作り方

改善後（「簡単な」が「作り方」に係ることがはっきりした）

チャットアプリの簡単な作り方

　語順を工夫すると、長い文を読みやすくすることもできます。それは、「長い修飾語・修飾部（2文節以上続く修飾語）から順に並べる」という工夫です。『日本語の作文技術』(本多勝一 著、朝日新聞出版)では、この「長い修飾語・修飾部から」の順が日本語の原則として紹介されています。
　たとえば次のような長い文でも、長い修飾部から順に並べることでリズム良く読めます。改善前の文は、係り受けは明確なものの、読みづらさを感じます。

改善前（係り受けは明確だが読みづらい）

簡単に、自分の興味に合ったチャットルームを、カテゴリーから

選んだりキーワードで検索したりして見つけられます。

> 改善後（読点がなくても読みやすい）
>
> 　カテゴリーから選んだりキーワードで検索したりして自分の興味に合ったチャットルームを簡単に見つけられます。

図7-2　長い修飾語・修飾部から順に並べる

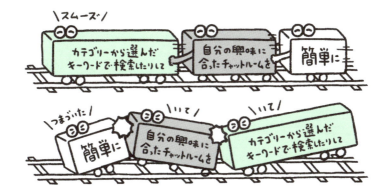

■読点の役割

　読点には、ここまででお話しした「並列関係をはっきりさせる」、「係り受けを明確にする」役割以外にも複数の役割があります。

　文をわかりやすくするために、読点を活用することは大切です。読点の役割を一覧にしますので、役割を意識して読点を使用してください。

表7-1 読点の役割

例	役割
簡単な、チャットアプリの作り方	係り受けを明確にする
スマートフォンは、通話、メッセージの送受信、ウェブの閲覧や、写真の撮影などさまざまな用途に活用できます。	並列関係を明確にする
チャットルームを作成するには、メニューから［ルームを作成］をタップします。	理由・条件・目的などを明確にする
さまざまなチャットルームがあり、匿名で自由に参加できます。	節の区切りを明確にする
ただし、一度削除したデータは復旧できません。	接続関係を強調する

意味を明確にするために肯定形で書く

　誤解を招く文によくある3つめの原因が、否定表現です。否定表現は文の意味を曖昧にします。肯定形で表現できる場合は、なるべく肯定形を使うほうが文の意味がはっきりします。

　読み手の行動を促したいときは、してもらいたい行動を具体的に書いたほうが意味が明確になります。たとえば次の例では、改善前の文は否定表現になっていて、何をすればいいのかが曖昧です。肯定形にした改善後の文のほうが、すべきことが明確です。

改善前（何をすればいいのか曖昧）

アプリのアップデートは放置したままにしないでください。

改善後（必要な行動が明確になっている）

アプリのアップデートはなるべく早めに適用してください。

　逆に、してほしくないこと（禁止事項）を伝える場合は、敢えて否定形で書くことも効果的です。次の例を比べると、否定形のほうが強く感じるはずです。

改善前（必要な行動は明確だが、表現が弱い）

アップデート中は電源を付けたままにしてください。

改善後（必要な行動が明確で、表現も強い）

アップデート中は電源を切らないでください。

7-4 ポジティブに受け止められるように書く

　ドキュメントでは情報を正しく、効率良く伝えることを目指しますが、**読み手の心情への配慮**もやはり必要です。技術的・実務的な情報の伝達プロセスを総称して「テクニカルコミュニケーション」と呼び、**ドキュメントを書くことはやはり人対人のコミュニケーションの1つ**です。会話と比べると幾分硬くなりがちですが、読み手の心情への配慮は十分にしたいと

ころです。特に、プロダクトの開発に関わる人であれば、プロダクトに対してポジティブな印象をユーザーに持ってもらいたいはずです。

同じことを伝えても、その伝え方によって読み手が感じる印象は異なります。ドキュメントに対して信頼を持ってもらい、ポジティブに情報を受け取ってもらうために書き手としてできる工夫を紹介します。

- 肯定形で書く
- 信頼される表現で書く

ポジティブに伝えるために肯定形で書く

否定表現は、文の意味を曖昧にするだけでなく、ネガティブな印象を読み手に与えます。特に、「できない」という表現はプロダクトのユーザーとしてはネガティブに感じます。

とはいえ、プロダクトに制限事項は付き物です。制限事項がないプロダクトは存在しないでしょう。プロダクトを制限の範囲内で適切に使ってもらうためにも、プロダクトの制限はきちんとユーザー(読み手)に伝えなければなりません。

「できない」という表現は、「ここまでならできる」という肯定表現に置き換えられます。たとえば、データの入力制限であれば次の例のように置き換えられます。肯定形に置き換えた改善後の文のほうが簡潔で、かつポジティブな印象を受けるはずです。

改善前（ネガティブな印象を受ける）

100MBを超えるデータは添付できません。

> 改善後（簡潔で、かつポジティブな印象を受ける）
>
> 100MBまでのデータを添付できます。

信頼される表現で書く

　実用文では、読み手に信頼を持ってもらえる表現を使うことも大切です。そのために避けるべきことがいくつかあります。

- 通俗的な表現、軽薄さが感じられる表現を避ける
- 略語を避ける
- 強調表現の多用を避ける

　通俗的な表現や、軽薄さが感じられる表現は、ドキュメントへの読み手の信頼を損ないます。まして、業務として社外に出す公式ドキュメントであれば、企業への信頼の低下にまでつながりかねません。

> 改善前（軽薄さが感じられる）
>
> 　メッセージアプリはめちゃくちゃ便利なコミュニケーションツールです。

> 改善後（軽薄さがなくなっている）
>
> 　メッセージアプリはとても便利なコミュニケーションツールです。

同様に、「スマホ」「携帯」といった略語も避けます。話し言葉では広く使われている言葉でも、ドキュメントでは「スマートフォン」「携帯電話」のように正式名称を使います。**ただし、「パソコン」、「OS」のように正式名称がほぼ使われない場合は、略語のほうを使います。**

　なお、話し言葉を使うことは、想定する読み手によっては問題ありません。あまりに堅苦しい表現は逆に読み手を遠ざけてしまいます。最近はUIやドキュメントで話し言葉を積極的に使って独自性を出す企業も増えています。SlackやDiscordなどは良い例です。ただし、ふざけているように感じられる言葉はやはり避けるべきです。

　強調表現の多用も避けます。「非常に」、「大変」、「きわめて」などの強調表現は、ここぞというときだけ使います。書き手としては「ぜんぶ重要！」という気持ちになりがちですが、**強調表現を多用し過ぎると、結局どれも強調されなくなってしまいます**。それだけでなく、読み手に軽薄な印象を与えてしまいます。強調表現を取り除いてみてください。意外と印象は変わりません。

> 改善前（強調表現の多用によって軽薄さが感じられる）
>
> 　データのバックアップを取ることは非常に大切です。

> 改善後（簡潔で、大切さも十分に伝わる）
>
> 　データのバックアップを取ることは大切です。

過剰に丁寧な言葉は使わない

　実用文では、過剰に丁寧な言葉は避けます。「読み手にポジティブに受け止められるように」と思うと、「お手数ですが」「○○してくださいますようお願い致します。」などクッション言葉や尊敬語を使いたくなります。ですが、これらの表現は冗長さや読みづらさの原因になり、「効率良く理解できる」ことを阻害します。

　実用文では丁寧語は使いますが、尊敬語や謙譲語は不要です。クッション言葉も不要です。「○○してください。」と、読み手に求める行動をズバリと書きます。丁寧さよりも簡潔さを重視しましょう。そのほうが、読み手にとっても嬉しいはずです。

改善前（過剰に丁寧でまわりくどい）

　ライセンスを購入してくださいますようお願い致します。

改善後（簡潔で、失礼な印象もない）

　ライセンスを購入してください。

まとめ

　本章では、「文を書く」ことをテーマにしてお話ししました。ドキュメントに求められる文（実用文）には、効率良く理解できること、正しく理解できること、ポジティブに受け止められること、の3つの要素があります。これら3つの要素を備えた文を書くためのポイントを紹介しました。

　「文章力がある人」と言うと、豊かな語彙や熟れた表現を意のままに操る人が思い浮かびますが、ドキュメントにはそのようなスキルは不要です。実用文に求められるポイントを眺めてみると、豊かな語彙も熟れた表現も出てきません。むしろ求められるのは、明確さ、簡潔さ、具体性です。これらは意識すれば誰にでもできるものです。

　ただし訓練は必要です。残念ながら（?）上記に挙げたポイントを知るだけで即書けるようになるというわけではありません。実際に書いて、フィードバックを受けて、受けたフィードバックを活かしてまた書く、という繰り返しが必要です。その点は文法さえ知ればプログラムを書けるわけではないのと同じでしょう。ぜひ繰り返し書いて、そして周囲からのチェックを積極的に受けてください。チェックする人がいなければ、上記に挙げたポイントが反映されているかを自己添削してください。

Chapter1〜7までの振り返り

　これで、ドキュメントを作成する5つのステップがすべて完了です。3章からここまで、ドキュメントの階層に沿ってドキュメント作りの工程をお話ししてきました。改めて全体を通して簡単に振り返りましょう。

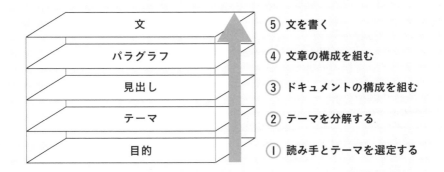

　最初のステップは、誰に何を伝えるかというドキュメントの目的を明確にすることでした。たいてい最初はボンヤリとしている目的を明確にするために、「読み手の事前知識・読み手の目的・読み手の立場や役割」の3つの軸で読み手を理解し、ドキュメントのターゲットとする読み手を絞り込みました。読み手を絞り込むことで、ドキュメントのテーマも自ずと絞り込まれます。

　次のステップは、テーマを分解することでした。テーマをドキュメントの構成へと落とし込むために、テーマをサブテーマへと、そして話題へと分解していきます。ここでは、テーマを「なぜ・何を・どうやって」の3つの要素に分解しました。テーマをこの3つに分解することで、ドキュメントが論理立った構成になり、伝えたいことに対して読み手はきちんと納得を得られるようになります。

　そして次のステップは、ドキュメントの構成（アウトライン）の組み立てです。分解したテーマをもとにアウトラインを組み立てます。テーマを適

切に分解し、それをアウトラインに反映することで、必要な情報を探しやすく、情報を理解しやすいドキュメントになります。このステップではさらに、本文に何が書かれているか、本文で何が言いたいかがわかる見出しになるように工夫しました。

さらに次のステップは、文章の構成の組み立てです。話のまとまりを作るパラグラフを意識して、話の筋を作ります。話のまとまりとは、「言いたいこと」と「理由・説明・具体例」のセットでした。両者をセットにすることで、一つ一つの話題に対してきちんと読み手の納得を得ながら、話を進めていきます。

そして最後のステップが、本章でお話しした、わかりやすい文を書くことです。ここまでくれば、何を書くかは決まっていますので、あとは一文一文をわかりやすく書くだけです。そのコツは、本章でお話ししてきたとおりです。

改めて、本書で皆さんにお伝えしたかったことは、テーマを適切に分解することの大切さです。テーマを適切に分解することが、わかりやすいドキュメントを効率良く書くカギになります。「何を書けばいいのかわからない」「何から書けばいいのかわからない」と悩んでいた皆さんも、5つめのステップまでくれば文章が頭に浮かぶようになったのではないでしょうか。「テーマの分解から始める」ことをぜひ意識してください。

さて、締めの言葉のようになりましたが、本書はもう少し続きます。

次章では少し方向を変えて、生成AI(ChatGPT)でドキュメントを書くことをテーマとして取り上げます。

Chapter 8

ChatGPTで効率良く書く

本章では、前章までと少し方向を変えて、生成AI（ChatGPT）を活用してドキュメントを書くことをテーマにします。本書ではドキュメント作成のプロセスを順を追って説明してきましたが、これをChatGPTを活用して効率化しようというわけです。

　ChatGPTは、ドキュメント作成に掛かる時間を飛躍的に短縮してくれる可能性を秘めています。わかりやすいドキュメントを効率良く書くために、本書では「書く前にテーマを分解して整理する」という手段を用いてきました。ですが、テキストを瞬時に生み出すChatGPTを活用すれば、ドキュメントの作成をさらに大幅に効率化できると期待できます。

　ただし、後にお話しするように、ChatGPTには大きな制限もあります。その1つが、ChatGPTが未学習のことは（当然ですが）書けないということです。ChatGPTを試して遊ぶだけならともかく、業務として使うには、まだ世の中に出回っていない（つまりChatGPTが未学習の）情報を扱うことが多いでしょう。

　そこで本章では、ドキュメント作成にChatGPTをどのように活用するか、そしてChatGPTにどのように情報を与えるかというポイントを中心にお話しします。

ようやくドキュメントの書き方がわかってきたのに、AIに書いてもらうんですか？

 AIには完璧なドキュメントは作れない。だけど「お手伝い」ならできることはたくさんあるんだ。

 頼もしいですね！

 ここまで学んできたことは、実はすべてAIへの依頼にも役立つから、一緒にやってみよう！

8-1 文章を自動で瞬時に生み出すChatGPT

　そもそもChatGPTとは何でしょうか。名前はよく聞くけれどまだ使ったことがない、という方もいると思いますので、簡単に紹介します。

　ChatGPTは生成AIと呼ばれる技術を使ったサービスの1つです。生成AIとは、文章や画像などを新しく創り出すことができるAIのことです。AIは、人工知能とも呼ばれ、コンピューターが人のように学ぶことを再現したものです。

　生成AIの登場前に一般にAIと呼ばれていた技術は、あらかじめ人がコンピューターに覚えさせておいたデータの中から適切なものを選んで提示するものが主でした。たとえば、あらかじめ人が用意したFAQの中から、質問に最も強く関連する回答を選び出す、というような仕組みです。

対して近年登場した生成AIは、人が覚えさせておいたデータをもとにして、新しく何かを生み出すことができます。その点が名前に「生成」と付くゆえんです。たとえば、猫の写真を見て学んだ生成AIは、新しい猫の絵を描いたり、猫の写真を作り出したりできます。文章や画像のほかにも、人の声を作り出したり、作曲したりと、幅広い分野で生成AIの技術が活用されています。

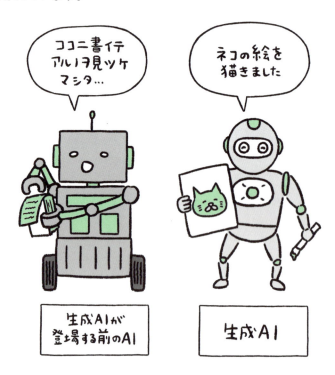

　生成AIの代表例がChatGPTで、本章でもこのサービスを利用します。ChatGPTは米Open AI社によって提供されるサービスで、ChatGPTの登場は生成AIの技術が世に出る皮切りとなりました。Webブラウザーだけで無料で簡単に利用できるこのサービスは、サービス開始後わずか2ヶ月で

アクティブユーザー数が1億人を突破するという驚異的な速さで利用が拡がっています。

ChatGPTには、無料で利用できるGPT-3.5と、有料でより高性能なGPT-4、そして、GPT-4と同等の性能を持ちながら一定の利用枠で無料でも利用できるGPT-4oの3つのモデルがあります（本書執筆時点）。このうち本章ではGPT-4を利用します。

ChatGPTはチャット形式のサービスで、質問を打ち込むと、その質問に対して回答してくれます。会話型AIとも呼ばれ、まるで人間と会話しているかのように錯覚させられます。たとえば、Chat-GPTに「生成AIとは何ですか？」と質問してみましょう。すると、次のように回答してくれました。

ChatGPTへの依頼

生成AIとは何ですか？

ChatGPTの回答

生成AI（ジェネレーティブAI）とは、人工知能（AI）の技術の一種で、新しいコンテンツやデータを生成する能力を持っています。この技術は、テキスト、音楽、画像、ビデオなど様々な形態のメディアを生成するために使用されます。生成AIは通常、大量のデータを学習することにより、そのデータセットに基づいて新しいコンテンツを作り出すことができるように訓練されます。

生成AIの代表的な例には、次のようなものがあります：

1. テキスト生成: チャットボットや文章生成ツールがあり、ユー

> ザーの入力に基づいて新しいテキストを生成します。
> 2. 画像生成: 特定の説明に基づいて新しい画像を生成することができるツールがあります。これは、アート作品の創造やデザインプロセスの助けとして利用されます。
> 3. 音楽生成: AIを用いて新しい音楽作品を作り出すことが可能です。
> 4. ビデオ生成: 映像素材に新しいシーンを追加したり、特定のスタイルでビデオを生成することができます。
>
> このような技術は、クリエイティブな分野だけでなく、ビジネス、教育、エンターテイメントなど多岐にわたる用途で利用されています。

　生成AIについてある程度知っている人でも、生成AIを文章で説明しようと思ったら、それなりに時間が掛かるでしょう。それが、ChatGPTを利用すれば瞬時に説明文を生成できます。回答を見ると、文章としても適切です。このように、欲しいドキュメント、あるいは文章を会話形式でChatGPTにリクエストすることで、ドキュメント作成の効率を上げることができます。

　もう少し深堀りして試してみましょう。ChatGPTは、伝える相手に合わせて回答を調整することもできます。「生成AIとは何ですか？」に対するChatGPTのさきほどの回答は、難しい用語が多く、一般の人には理解が難しいかもしれません。そこで、「中学生にもわかるように説明してください。」とChatGPTに依頼してみます。すると、宿題やゲーム、アニメなど、中学生に身近なものを例にして生成AIを説明してくれました。

ChatGPTへの依頼

中学生にもわかるように説明してください。

 ChatGPTの回答

生成AIは、コンピューターが新しいものを作り出す技術のことです。たとえば、文章を書いたり、絵を描いたり、音楽を作ったりすることができます。この技術は、コンピューターがたくさんの情報を学習して、それを元に新しい内容を生成することができるようになっています。

例えば、あなたが「宇宙に関するお話を作って」とコンピューターに頼むと、学んだ情報をもとにして宇宙の物語を作り出すことができます。また、特定の説明に基づいて、まったく新しい絵を描くこともできます。これによって、学校のプロジェクトや趣味の時間に役立つ新しいアイデアや作品を得ることが可能です。

生成AIは、ただ新しいものを作るだけでなく、学習や遊び、作品作りなど、いろいろな場面で役立てることができるすごい技術です。

このように、ChatGPTを使うと、説明を読み手に合わせて調整することもできます。

そして、人間と会話するときと同じように、会話形式で追加の依頼を出していくことで、回答を望ましいものに近付けることができます。ChatGPTは一定の範囲内で過去の質問と回答を覚えていてくれます（「一定の範囲内で」と書いたのは、覚えられる情報量に限りがあるからです）。

まだChatGPTを使ったことがない方も、活用のイメージが湧いてきたのではないでしょうか。

　本書では、テーマの分解、見出し構成の組み立て、文章構成の組み立て、文章の執筆、とステップを分けてドキュメントを作ってきましたが、ChatGPTを活用すると、これらの工程を1歩飛ばし、2歩飛ばししてアウトプットまで辿り着けます。構成を考えてもらったり、文章を一部書いてもらったりと、ChatGPTにドキュメント作りのお手伝いをしてもらえます。**ChatGPTは、ドキュメントの作成に掛かる時間を飛躍的に短縮してくれる可能性を秘めています。**

8-2　知らないことは書けないChatGPT

　ただし、「じゃあChatGPTに書いて貰えばいいじゃん！」という単純な話ではありません。そして、これまで本書で学んできたことが無駄になるというわけでもありません（無駄になるとしたら、とんでもないどんでん返しです）。革命的な便利さを備えたChatGPTではありますが、大きな欠点もあります。

　欠点の1つが、**まだ世の中に出回っていないことは書けない**、ということです。過去に関することは書けますが、未来のことは書けません。公開された情報のことは書けますが、未公開のプロダクトに関する情報は書けません。ChatGPTはインターネットなどで公開された情報をもとに学習しているからです。知らないことは書けません。しかしながら、ChatGPTを試して遊ぶだけならともかく、業務として使う場合は、社外に未公開の（つまりChatGPTが未学習の）情報を扱うことが多いでしょう。

正確には、ChatGPTは「書けません」とは言わず、もっともらしいことを回答します。そして、当然ながらその回答には間違いが多く含まれます。もっともらしいウソをつくこのChatGPTの特性は、ハルシネーションと呼ばれます。

もう1つの欠点は、生成する文章の品質が現時点ではまだ良くないことです。ChatGPTが出す日本語の文章の品質は英語と比較して劣ると言われています。これは学習量の差によるものでしょう、ChatGPTが出す文章をまったくそのまま使えることは稀です。説明が回りくどかったり、わかりづらかったりします。特に、わかりやすいドキュメントについて本書で学んだ皆さんであれば、そう感じるかと思います。

8-3 ChatGPTに「おまかせ」ではなく「支えてもらう」

これらの欠点を補う対策として、次の2つの方法が考えられます。

- ドキュメントで伝えたいことをまとめて、ChatGPTに伝える
- ChatGPTの出力はあくまで下書きとして扱い、自分で手直しする

　未公開の情報に関するドキュメントをChatGPTで書こうとすれば、書くために必要な情報をChatGPTに伝えてあげる必要があります。情報をドキュメントにする作業をChatGPTに手伝ってもらうのです。ただし、**社外秘の情報を伝えることには注意が必要**です。入力した情報がAIの学習に利用されるからです。社外秘の情報をマスクする（隠す）か、入力情報が学習されないエンタープライズ版を使う必要があります。

　AIにすべてお任せというわけにはいかないのが残念ですが、ドキュメントを書くときに躓きがちなのが、白紙の状態からの最初の第一歩でしょう。そこをChatGPTに支えてもらいます。叩き台があると考えやすくなる方も多いはずです。

　こうしてChatGPTの欠点と対策をみると、本書で前章までで学んできたことは、決して無駄になりません。ときには、ドキュメントで伝えたいことを適切に構造化してまとめ、ChatGPTに伝えてあげる必要があります。さらに、ChatGPTが出した文章が、効率良く伝わり、正しく伝わり、ポジティブに受け止められるものになっているか評価が必要です。これらのために、ここまで学んできたことが役立ちます。

　さて、ではさっそくChatGPTを使ってドキュメントを書いていきましょう。

8-4 ChatGPTでドキュメントの構成を組む

　ChatGPTがまず活躍するのが、**ドキュメントの構成、つまりアウトラインを組むとき**です。ドキュメントのアウトラインをChatGPTに考えてもらいます。

　本書でここまでお話ししてきたように、ドキュメントの構成をどう組むかは、文章以上に大切です。構成をうまく組めれば、どこに何が書いてあるかがわかりやすく整理され、読み手は欲しい情報を見つけやすくなります。話の流れも良くなり、読み手は情報を受け取りやすくなります。また、書き手にとっても、どこに何を書くかが決まれば、そのあとはスムーズに書けることが多いでしょう。

　もちろん、ChatGPTに丸投げというわけにはいきません。さきにお話ししたように、ChatGPTが出す構成案が適切かどうかをきちんと評価することが必要です。とはいえ、一から自分で考えるより、叩き台をもとに考えたほうが思考が進みやすいはずです。

仕様書の構成を組む

　ChatGPTにお願いすれば、仕様書の構成案も考えてくれます。仕様書のフォーマットは会社で決まっていることも多いと思いますが、フォーマットが無ければ、よくある仕様書の構成をChatGPTに教えてもらえます。

ChatGPTへの依頼

外部仕様書の構成を考えてください。

 ChatGPTの回答

外部仕様書（または外部設計仕様書）は、システムやソフトウェアの外部に公開されるインターフェースや、ユーザーが直接触れる部分について詳細を記述した文書です。この仕様書は主に顧客や利用者、外部開発者に向けて書かれ、システムの操作方法、機能、振る舞い、インターフェースの詳細を明確にします。以下に一般的な外部仕様書の構成を示します。

1. 表紙
    - プロジェクト名: システムやソフトウェアの全体の名前。
    - バージョン情報: 仕様書のバージョン番号。
    - 作成日付: 仕様書の作成日。
    - 作成者: 文書を作成した人物やチーム。
    - 承認者: 文書の承認者名。
2. 改訂履歴
    - 版数: 仕様書の版数。
    - 改訂日: 改訂が行われた日付。
    - 改訂者: 改訂を行った人の名前。
    - 改訂内容: 簡潔な改訂理由や内容の説明。
3. 目次
    - セクションごとのページ番号を含む詳細な目次。
4. はじめに

- 文書の目的: 仕様書の目的と使用者を明確にする。
- 対象システム: この仕様書が対象とするシステムの概要。
- 読者ガイド: 文書の読み方や理解のための注記。
5. システム概要
    - システムの目的: システムがどのような問題を解決するかの説明。
    - システムの範囲: システムによってカバーされる業務範囲。
6. 機能仕様
    - 機能一覧: 提供される主要な機能をリストアップ。
    - 各機能の説明: 機能がどのように動作するかの詳細な説明、UIの説明が含まれる場合もある。
7. ユーザーインターフェース
    - インターフェース概要: ユーザーとシステムとのインターフェースの説明。
    - 画面レイアウト: 各ユーザー画面の詳細なレイアウト。
    - 操作方法: 画面ごとのユーザーの操作手順。
8. 外部インターフェース
    - API仕様: 外部に公開されるAPIのパラメータ、戻り値、制限事項。
    - データフォーマット: システムが使用するデータフォーマットの説明。
    - 通信プロトコル: 使用する通信プロトコルの種類と設定。
9. エラー処理
    - エラー一覧: システムが返す可能性のあるエラーコードとその説明。
    - エラー処理方法: 各エラーに対するシステムの反応や対処方

法。
10. セキュリティ
　　○ 認証方法: システムへのアクセス制御や認証技術。
　　○ データ保護: データ暗号化や機密性の保持に関する方針。
11. 使用環境
　　○ ハードウェア要件: システムを使用するためのハードウェアスペック。
　　○ ソフトウェア要件: 必要なOS、中間ソフトウェア、ライブラリなど。
12. 用語解説
　　○ 用語集: 文書内で使用される専門用語や略語の定義。
13. 付録
　　○ 参考文献: 使用した参考資料や文献。
　　○ 追加情報: 補足情報や詳細データ。
14. 索引
　　○ 重要な用語や機能への参照ページ番号。

　このような漠然とした依頼でも、意外とChatGPTはそれなりの構成案を出してくれます。もちろん、必要な項目が無かったり、逆に不要な項目があったりするはずですが、叩き台としては十分に利用できるレベルです。
　さらに、どのようなプロダクトの仕様書を書きたいのかを具体的にChatGPTに伝えてあげると、そのプロダクトの性質により適した構成案を示してくれます。プロダクトの概要を伝えたり、使用する技術を指定したりと、開発するプロダクトの像をできるだけ具体的に伝えることで、仕様書の各項目に記載することも具体化されていきます。

ChatGPTへの依頼

スマートフォンのメッセージアプリを開発するための外部仕様書の構成を考えてください。

ChatGPTの回答

スマートフォンのメッセージアプリの外部仕様書を作成する場合、以下のような構成を提案します。この構成は、アプリの機能、インターフェース、ユーザーエクスペリエンスなどを明確に示すために重要なセクションを含んでいます。

1. 概要
    - アプリの目的
    - 対象ユーザー
    - 主な機能
2. ユーザーインターフェース仕様
    - 画面レイアウトとデザイン
    - ユーザーインタラクションのフロー
    - アイコンとグラフィックの詳細
3. 機能仕様
    - メッセージの送受信
    - フォーマットオプション(テキスト、画像、ビデオ、オーディオ)
    - グループチャット機能
    - プッシュ通知設定
    - プライバシーとセキュリティの設定(エンドツーエンド暗号化など)

○ユーザーアカウント管理（登録、ログイン、プロフィール編集）
4. API仕様
　　　○外部APIとの連携詳細
　　　○エンドポイントとデータ形式
5. セキュリティ仕様
　　　○データ保護方針
　　　○認証と認可の方法
　　　○脆弱性対策
6. 動作環境
　　　○対応するOSバージョン
　　　○ネットワーク要件（Wi-Fi, 4G/5Gなど）
　　　○デバイス要件（メモリ、ストレージ容量など）
7. エラー処理
　　　○エラーコード
　　　○エラー対応
8. 用語集
　　　○アプリ開発に関連する専門用語の説明

この構成は、開発者、デザイナー、プロジェクトマネージャーがアプリの全体的なビジョンを理解しやすくするためのものです。各セクションはプロジェクトの要件や特性に応じて調整可能です。

　このようにプロダクトの概要だけでもChatGPTに伝えると、そのプロダクトに合った仕様書の構成を得られます。なお、構成自体はほぼ変わらないようです。理由としては、仕様書はフォーマットがある程度定型化されている点が挙げられるでしょう。

ChatGPTの回答を見ても記載内容をイメージできない場合は、わからない項目を指定して、さらに具体的な説明を依頼するのも手です。指定した項目の記載例を交えた説明をChatGPTから受け取れます。**このように段階を追って出力を調整していけるのは、会話型AIの強みです。**

ChatGPTへの依頼

4.の具体的な記載例をください。

ChatGPTの回答

API仕様セクションでは、メッセージアプリが外部システムや他のコンポーネントとどのように通信するかを詳細に記述します。以下はAPI仕様の具体的な記載例です。この例では、メッセージの送受信やユーザー情報の取得に関連するAPIエンドポイントを示しています。

API仕様
1. 基本情報
   ○ ベースURL: https://api.example.com/v1
   ○ レスポンスフォーマット: JSON
   ○ 認証方式: OAuth 2.0

（以下略）

構成案を評価する

さて、次に行うのは、ChatGPTが考えてくれた構成案の評価です。繰り

返しになりますが、ChatGPTの案をそのまま採用できるわけではありません。評価無しに案を使うのは、インターネットで検索して拾ったコードを評価無しにコピペするのと同じぐらい考えものです。

評価のポイントは次の3つです。

- 構成の組み立てが適切か
- 項目の並びが適切か
- 項目の名前（＝見出し）が適切か

このうち項目の名前については、一般的な外部仕様書に沿ったもので、特に問題なさそうです。そこで、「構成の組み立てが適切か」、「項目の並びが適切か」の2点を評価することにします。

構成の組み立てが適切か

まずは「構成の組み立てが適切か」の評価です。

ドキュメントは「なぜ・何を・どうやって」の3つの要素で組み立てよう、と4章でお話ししました。このうち外部仕様書でカバーすべきは「なぜ・何を」です。「どうやって」は設計書などで書くことが多いでしょう。仕様書では、どんな目的で、何を開発するのかを書きます。

ChatGPTの構成案は、「なぜ・何を」の要素を次の図のように項目に紐付けています。概要で開発の目的を伝え、何を開発するのかの説明を展開しています。

こうして見ると、「なぜ」と「概要」の紐付きが弱い印象があります。内容の量によりますが、ある程度多ければ、開発の目的は「概要」と分けて書いて良いでしょう。一般的にも、開発の目的とプロダクトの概要は項

図 8 - 1　ChatGPT による構成案

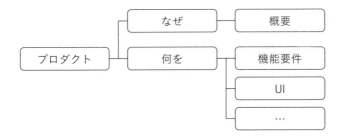

目を分けて書くことが多いはずです。

そして、ChatGPTの案は、「何を」を次の図のように分解しています。

図 8 - 2　ChatGPT による構成案（続き）

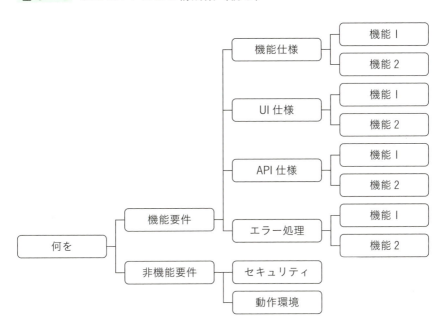

プロダクトの機能要件を、機能、ユーザーインタフェース（UI）、API、エラー処理という構成要素に分解しています。そして非機能要件を、セキュリティ、パフォーマンス、動作環境という構成要素に分解しています。

この構成が適切かどうかは、想定する読み手の目的によります。読み手が次のような目的でドキュメントを使うなら、ChatGPTの構成案は合いそうです。

- 実装するUIの仕様を知りたい
- 実装するAPIの仕様を知りたい

機能仕様、UI仕様、API仕様の記載がトップレベルで分かれていて、このような細かい単位で情報を得たい場合には適した構成でしょう。

逆に、読み手が次のような目的でドキュメントを使うなら、ChatGPTの構成案は読み手に合わない可能性があります。

- 実装する機能の仕様を全体的に知りたい

このように機能単位で情報を得る目的であれば、次の図の構成がより適しているはずです。はじめに全体像として機能一覧を示し、続いて機能ごとに、機能仕様、UI仕様、API仕様、エラー処理と、順を追って概要から詳細へと流していきます。

開発を複数のチームで分担する場合、分担の切り口も考慮すると良いでしょう。UIの実装、APIの実装というように担当を分けるなら、前者（ChatGPTの構成案）のほうが仕様書の編集が容易になると期待できます。一方で、機能単位で担当を分けるなら、機能単位で項目が分かれた後者の構成案のほうが編集がしやすいでしょう。

図8-3 機能単位にする場合の構成案

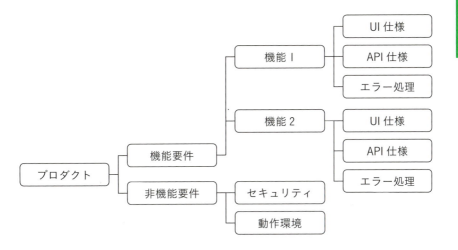

項目の並びが適切か

次に、「項目の並びが適切か」も評価しておきましょう。ChatGPTの案は項目を次のように並べています。

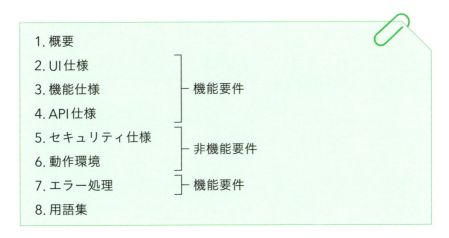

ChatGPTの構成案には、次の2点に改善点がありそうです。

- テーマの分解に沿っていない
- 既知から未知への並びになっていない

　機能要件と非機能要件を構成要素で分解した図8−2と見比べてみると、ChatGPTの構成案は「7. エラー処理」の項目の入れどころが合っていません。機能要件であるエラー処理が非機能要件の項目に混ざり込んでいます。機能要件の中にまとめたほうが、機能に紐づく情報とそうでないものを読み手が区別できそうです。あるいは、機能要件と非機能要件で大項目を分けるのも手でしょう。

　既知から未知へと順を追って読み手が理解できるよう、項目の並びも見直します。「8. 用語集」はドキュメントを読む上で必要な情報ですから、初めに知るべきです。冒頭に移動しましょう。読み手に読み飛ばされたとしても、用語解説の存在さえ知ってもらえれば、わからない用語があったときに参照できます。

　同様に、「1. 概要」から「2. UI仕様」に進むより、「1. 概要」でシステムの全体像を伝え、「3. 機能仕様」→「2. UI仕様」の順に伝えていくほうが、

読み手の理解の順に沿っています。

評価の結果をもとにChatGPTの構成案を見直すと、たとえばこのようになります。

> 1. 開発の目的
> 2. 概要
> 3. 用語集　←初めに知るべき内容なので、冒頭に移動
> 4. 機能仕様　←UIの前に知るべき内容なので、UI仕様の前に移動
> 5. UI仕様
> 6. API仕様
> 7. エラー処理　←機能に紐づく内容なので、機能に紐づく他の項目とまとめる
> 8. セキュリティ仕様
> 9. 動作環境

このように、出力をきちんと評価する眼を持てば、ChatGPTは力強い味方になってくれます。ChatGPTを活用すると、ドキュメントの構成を考えるプロセスが次の図のように変わります。テーマを分解して構成を組むのではなく、ChatGPTがくれた構成案をヒントにしてテーマの分解方法を考え、構成案がテーマの構造に沿っているか確認します。ドキュメントの構成を一から練るのと比べて、考えやすく、時短にもなるはずです。

図 8 - 4　ChatGPTで変わるドキュメント作成のプロセス

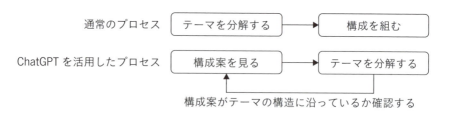

8-5　ChatGPTでドキュメントを下書きする

　ChatGPTの活用範囲は構成の組み立てに留まりません。ドキュメントの構成を組むだけでなく、文章を含めてChatGPTに下書きしてもらうこともできます。もちろん、構成を組むときと同じく、ChatGPTによる下書きをきちんと評価することは必要です。あくまで「下書き」としての利用です。

　ChatGPTでドキュメントを下書きするときは、ドキュメントに盛り込みたい情報をChatGPTに伝えます。伝えなくても、ChatGPTは盛り込むべき情報を推測してドキュメントを書いてくれますが、その推測には当然ながら当たり外れがあります。**盛り込みたい情報をできるだけ具体的に指定することで、品質の高い出力を期待できます**。

　それでは、説明型、説得型、報告型のドキュメントに分けて、ChatGPTに下書きを依頼する具体例を見ていきましょう。

マニュアルを下書きする（説明型のドキュメント）

　説明型のドキュメントの一つが、マニュアルです。マニュアルの作成にもChatGPTを活用できます。ここでは、プロダクトのマニュアルを例にしてお話ししていきます。

　さきほど「盛り込みたい情報をChatGPTに伝えよう」とお話ししましたが、開発するプロダクトや機能がわかりやすいものであれば、情報が不十分でもChatGPTが推測してくれます。たとえば、ChatGPTに次の依頼を出してみます。

 ChatGPTへの依頼

スマートフォンのメッセージアプリを開発しています。あらかじめ書いておいたメッセージを指定した時間に送信する機能の説明のマニュアルを書いてください。

 ChatGPTの回答

メッセージアプリのマニュアル：予約送信機能

機能概要
この予約送信機能は、ユーザーがあらかじめ設定した時間にメッセージを自動で送信することができる機能です。ユーザーは特定の日時を指定し、その時間になるとアプリが自動的にメッセージを送信します。これにより、忘れがちな日付や重要なイベントに対しても、適切なタイミングでメッセージを送ることが可能となります。

機能の利点

- 時間指定による自動送信：予め設定した時間にメッセージが自動で送信されるため、タイミングを逃す心配がありません。
- マルチタスキング支援：他の仕事に集中していても、大切なメッセージを送ることを忘れることがなくなります。
- 国際的な対応：異なるタイムゾーンにいる相手に対しても、その地域の適切な時間に合わせてメッセージを送ることができます。

操作方法

1. メッセージアプリを開く
   - スマートフォンのメッセージアプリを開きます。

2. 予約送信を設定する
   - アプリのメインメニューまたは設定画面で「予約送信」または「スケジュールメッセージ」オプションを選択します。

(以下略)

曖昧な依頼からこれだけの回答を出してくれるChatGPTに驚きます。とはいえ、「メッセージアプリ」、「あらかじめ書いておいたメッセージを指定した時間に送信する機能」と聞けば、何ができるのか、どんな用途で使えるかを十分に想像できるでしょう。**このようなわかりやすい機能であれば、ChatGPTは推測で情報を補ってくれます**。わかりやすい機能であれば、マニュアルの重要度も低いので、ChatGPTにサクッと書いてもらうのは得策です。

しかしながら、開発するプロダクトや機能がこれほどわかりやすいものであるとは限りません。多くのプロダクトは複雑で難解です。難解なほど

マニュアルの重要度も増します。

　難解なプロダクトや機能に対しては、マニュアルを書くにあたって十分な情報が必要です。どんなプロダクトなのか、どんな機能なのかを具体的にChatGPTに伝えたほうが、求めるものに近い出力を期待できます。

　また、あらかじめきちんと整理して情報を伝えてあげる必要があります。雑然とした情報をそのまま投げては、いくら革新的と謳われるChatGPTとはいえ、受け止め切れません。

　ここで活用するのが、5章でお話しした「何を・なぜ・どうやって」のフォーマットです。情報をこの3つに整理してChatGPTに伝えます。

- 何を（どんな機能か）
- なぜ（機能の用途）
- どうやって（機能の使い方）

　さらに、制限事項や、利用上の注意事項があれば、それも併せて伝えます。

ChatGPTへの依頼

会議室の予約システムに実装した会議室の利用状況の統計をとる機能のマニュアルを書いてください。
次の情報を参考にしてください。

機能名：
　利用統計ダッシュボード

どんな機能か：
　各会議室の過去の予約データをもとに、次の情報をグラフで確認できる。
　　- 会議室ごとの利用率
　　- 時間帯ごとの会議室の利用率
　　- 部署ごとの会議室の利用率
　　- 参加人数ごとの会議室の利用数

機能の利用目的：
　会議室ごとの利用頻度、利用が集中する時間帯、部署ごとの利用率の統計を取ることで、会議室の数や配分、配置を最適化するための検討材料にできる。

補足：
　- 集計期間は週、月、半年、年のうちから選択できる。
　- 集計期間は2年前まで

ChatGPTの回答

利用統計ダッシュボード機能のマニュアル

1. 概要

    利用統計ダッシュボードは、会議室予約システムにおける各会議室の過去の利用状況を視覚的に分析するための機能です。このダッシュボードを用いて、会議室の利用率、利用が集中する時間帯、部署ごとの利用状況などを確認できます。これにより、会議室の運用の効率化や改善策の検討が可能になります。

2. 主な機能
    - 会議室ごとの利用率: 各会議室の予約済み時間を総利用可能時間で割った利用率を表示します。
    - 時間帯ごとの利用率: 一日の中で各時間帯の会議室利用率を表示します。
    - 部署ごとの利用率: 各部署がどの程度会議室を利用しているかの統計を表示します。
    - 参加人数ごとの会議室利用数: 予約された会議の参加人数別の会議室使用回数を表示します。

3. 利用方法
    1. ログイン:
        - 会議室予約システムにログインします。

    2. ダッシュボードへのアクセス:

- システムのホームページまたはナビゲーションバーから「利用統計ダッシュボード」を選択します。

3. 集計期間の設定:
   - 表示したいデータの集計期間を「週間」「月間」「半年」「年間」の中から選択します。
   - 最大で過去2年間のデータまで選択可能です。

4. データの確認:
   - 選択した期間に基づき、各種統計がグラフや表で表示されます。
   - それぞれのグラフにはツールチップがあり、カーソルを合わせることで詳細な数値を確認できます。

4. ダッシュボードの活用
   - 最適なリソース配分:
     - 部署や時間帯ごとの利用状況を分析し、会議室の数や配置の最適化に役立てます。
   - 予約ポリシーの改善:
     - 高利用率の時間帯や日には予約条件を変更することで、利用の平準化を図ることができます。

5. 注意事項
   - データ更新:
     - ダッシュボードのデータは定期的に更新されますが、リアルタイムのデータではない点に注意してください。

> - プライバシーの保護:
>   - 個人を特定できる情報は表示されないよう、適切な匿名化が施されています。
>
> このマニュアルを参考に、利用統計ダッシュボードを活用して、より効果的な会議室の運用を実現しましょう。

　このように、どんな機能なのかを具体的に伝えてあげることで、必要な情報が盛り込まれたマニュアルが出力されるようになります。なお、ここでは「どうやって（機能の使い方）」の情報は省いています。省いてもChatGPTが推測で書いてくれるので、それを実際に合わせて手直しすれば良いでしょう。

　ChatGPTに下書きを依頼するときは、間違った情報が盛り込まれる可能性に注意が必要です。ChatGPTの回答を見ると、「それぞれのグラフにはツールチップがあり」、「リアルタイムのデータではない」など、**こちらが指定していない情報も混じっています**。実際と異なる情報がマニュアルにあってはいけないので、実際の仕様と異なれば削除が必要です。

　一方で、ChatGPTが勝手に情報を加えることは害ばかりではなく、有益でもあります。ChatGPTの回答が、「データの更新間隔についても書いたほうがいいな」と**気付くきっかけ**になることもあるでしょう。まさに「長所と短所は表裏一体」です。ChatGPTの挙動とうまく付き合っていくことが、ChatGPTを活用するコツです。

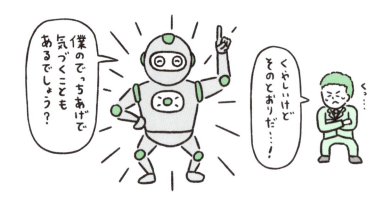

下書きを評価する

　ChatGPTからの回答を得たら、その良し悪しを評価します。再三繰り返すようですが、ChatGPTの案をそのまま採用できるわけではありません。むしろChatGPTの出力をそのまま使えることは稀なので、改善すべきところは手を加えましょう。
　ここでは、構成案を評価したときの3つのポイントに加えて、文章も評価します。

- 構成の組み立てが適切か
- 項目の並びが適切か
- 項目の名前（＝見出し）が適切か
- 文章がわかりやすいか

■構成の組み立てが適切か

　まずは、構成の組み立てが適切かどうかを評価します。全体の構成から見ていきましょう。

ChatGPTの下書きは、「なぜ・何を・どうやって」の要素を次の図のように項目に紐付けています。マニュアルとしては適切な構成でしょう。「ダッシュボードの活用」で機能の利用目的を、「主な機能」でどんな機能なのかを、「利用方法」で機能の使い方を説明しています。さらに、「主な機能」を機能の構成要素で分解して説明しています。

図8-5 ChatGPTによる「利用統計ダッシュボード機能のマニュアル」の構成

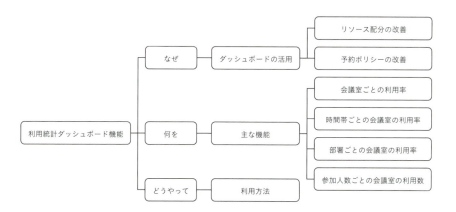

ChatGPTが出す出力には依頼の書き方が大きく影響します。下書きにある「主な機能」の項を見ると、ChatGPTに出した依頼で「どんな機能か」として書いた構成がそのまま反映されていることがわかります。このように、テーマをあらかじめ構造化できるのであれば、それをChatGPTに伝えることで、適切な構成の下書きを得やすくなります（もちろんさきほどの説明のように、ChatGPTに構成から考えてもらうこともできます）。

■**項目の並びが適切か**

次に、項目の並びを評価します。ChatGPT案は項目を次のように並べています。

1. 概要
2. 主な機能
   - 会議室ごとの利用率
   - 時間帯ごとの利用率
   - 部署ごとの利用率
   - 参加人数ごとの会議室利用数
3. 利用方法
4. ダッシュボードの活用
   - 最適なリソース配分
   - 予約ポリシーの改善
5. 注意事項
   - データ更新
   - プライバシーの保護

　このうち、「4. ダッシュボードの活用」は「3. 利用方法」よりも前に持ってきたほうがより良いでしょう。読み手にとって、機能の利用目的を最後に知るより、利用目的を理解してから使い方を知るほうが良いはずです。5章でお話ししたとおり、「なぜ」は重要な情報です。

　「5. 注意事項」の位置はどうでしょうか。これは、**読み手がその注意事項をプロダクトを操作する前に知るべきか、使ったあとで良いかによります。**プロダクトを操作する前に知るべきであれば、「3. 利用方法」の前に書くべきです。なお、ChatGPTの回答の内容であれば、プロダクトを操作したあとに知れば良いでしょう。ですから、「5. 注意事項」の位置はそのままで良さそうです。

　以上の検討から項目を並べ替えると、次のようになります。

1. 概要
2. 主な機能
   ○ 会議室ごとの利用率
   ○ 時間帯ごとの利用率
   ○ 部署ごとの利用率
   ○ 参加人数ごとの会議室利用数
3. ダッシュボードの活用　←**重要な情報なので、利用方法より前に移動**
   ○ 最適なリソース配分
   ○ 予約ポリシーの改善
4. 利用方法
5. 注意事項
   ○ データ更新
   ○ プライバシーの保護

■項目の名前が適切か

次は見出しの評価です。

「3. ダッシュボードの活用」の見出しは、漠然としていて、何が書かれているのかわかりません。活用の方法が書かれているのか、活用しようと言いたいのか、いろいろな意味に解釈できてしまいます。機能の利用目的が書かれていることがわかりやすいよう、この見出しはそのままズバリと「機能の利用目的」に変更しましょう。

改善前の見出し

3. ダッシュボードの活用

> 改善後の見出し
>
> 3. 機能の利用目的

「最適なリソース配分」と「予約ポリシーの改善」は、並列する両者の見出しの表現がズレています。見出しの表現を揃えることで、並列関係がわかりやすくなります（6章でお話ししたパラレリズムを思い出してください）。

> 改善前の見出し
>
> 3. 機能の用途
>   ○ 最適なリソース配分
>   ○ 予約ポリシーの改善

> 改善後の見出し
>
> 3. 機能の用途
>   ○ リソース配分の改善
>   ○ 予約ポリシーの改善

次に「5.注意事項」ですが、「データ更新」と「プライバシーの保護」という見出しでは、曖昧で、何に注意すればいいのかわかりません。見出しは本文の内容を具体的に表したものにしましょう。そうすることで、詳細を知りたい人だけが本文を読めばよくなります。

> 改善前の見出し
>
> 5. 注意事項
>   ○ データ更新

○ プライバシーの保護

> **改善後の見出し**
>
> 5. 注意事項
>   ○ データには遅れがあります
>   ○ 利用者の特定はできません

以上の改善を反映すると、見出しの構成は次のようになります。

---

1. 概要
2. 主な機能
    ○ 会議室ごとの利用率
    ○ 時間帯ごとの利用率
    ○ 部署ごとの利用率
    ○ 参加人数ごとの会議室利用数
3. 機能の利用目的
    ○ リソース配分の改善
    ○ 予約ポリシーの改善
4. 利用方法
5. 注意事項
    ○ データには遅れがあります
    ○ 利用者の特定はできません

■ **文章がわかりやすいか**

　最後に、文章を評価します。ChatGPTが創作した文章の中には、実際には仕様と異なる情報もあるはずですが、ここでは仮にすべての文章を採用

するものとして、読み手にとってのわかりやすさの観点で文章を改善します。

　マニュアルに限らず、ドキュメントでは読み手の視点で文章を書きます。ChatGPTが出した「2.主な機能」の中の次の文は、開発者視点で書かれています。開発者が読み手になる仕様書であれば、これは適した表現です。ですが、プロダクトのユーザーが読み手になるマニュアルであれば、不適切な表現です。開発者視点で書かれていると、読み手は「この仕様は自分にとってどういう意味があるのだろう」と自分に置き換えながら読まなければなりません。読み手にとっての価値に置き換えて、それをズバリと書きましょう。

> 改善前
>
> 　各会議室の予約済み時間を総利用可能時間で割った利用率を表示します。

> 改善後
>
> 　人気の会議室とそうでない会議室を確認できます。

　同じように、「5.注意事項」の中の次の文も開発者視点の表現です。これでは読み手は何に注意すればいいのかわかりません。個人情報を匿名化する仕様を言うだけになってしまっています。仕様が読み手にとってどんな意味を持つのかを考えて書くことが大切です。

> 改善前
>
> 　個人を特定できる情報は表示されないよう、適切な匿名化が施されています。

> 改善後
>
> 　会議室の利用者は特定できません。プライバシーのためデータは匿名化されています。

　「の」の使用は1つの文に2つまでに留めます。「の」は使いやすい助詞で、つい多用してしまいがちです。ですが、2つを超えて「の」が続くと、文の意味がわかりづらくなります。その場合は、別の表現になるよう工夫します。

　ChatGPTが出した次の文は、「の」を2つに留めてはいるものの、「会議室使用回数」という合成名詞を作ってしまっています。日本語は便利で、このように何となく意味が通じる合成名詞を簡単に作れてしまいます。ですが、多用すると、**プロダクトの用語と区別が付きづらく**なってきます。

　合成名詞に頼らず「の」を別の表現に置き換えましょう。

> 改善前
>
> 　予約された会議の参加人数別の会議室使用回数を表示します。

> 改善後
>
> 　予約された会議の参加人数別に、会議室が使用された回数を表示します。

　最後にピックアップする文、「ダッシュボードのデータは定期的に更新されますが、リアルタイムのデータではない点に注意してください。」には、3つの改善点があります。

- 重要なことから書く：
  言いたいこと（リアルタイムのデータではない）が最後に来ている
- できるだけ具体的に書く：
  具体的にどれほどデータが遅れるのかがわからない
- 肯定形で書く：
  否定形の表現（リアルタイムのデータではない）になっている

会議室の利用状況の統計という文脈では、データの遅れは許容されるはずですが、どの程度遅れるのか目安を示したいところです。

> 改善前
>
> ダッシュボードのデータは定期的に更新されますが、リアルタイムのデータではない点に注意してください。

> 改善後
>
> ダッシュボードに表示されるデータには遅れがあります。データの更新は通常1時間おきです。

ここまで、ChatGPTが書いてくれた下書きを、構成と文章に分けて校正しました。ChatGPTが出す文章は、パッと見て「いい感じ」に見えます。ですが、細かく見ると粗があることがわかります。繰り返し述べるように、評価なしにそのまま使うのはNGです。

ChatGPTを使いこなすには、<u>**その出力をきちんと評価し校正するスキル**</u>が必要です。ここまでの校正を通じて、本書で学んできたことがどう役立つか実感できたのではないでしょうか。出力を評価するスキルを身に着ければ、ドキュメントを作る上でChatGPTは力強い味方になってくれる

でしょう。一から自分で書くより効率良くドキュメントを作れるようになるはずです。

企画書を下書きする（説得型のドキュメント）

次は企画書をChatGPTで作成します。チームでの仕事においては、自分だけで何かを決定することはできません。実現したいアイデアをチームに提案し、賛同や承認を得る必要があります。特にチームや開発をリードする立場になると、新規プロジェクト、業務プロセスの改善、新しいツールの導入など、承認者やチームの関係者の賛同を得るために企画書を書く機会が多くなるでしょう。

今回は、新規プロジェクトの提案を目的とした企画書を例として取り上げます。プロジェクトを立ち上げるにあたって、プロジェクトで何を実現したいのか、なぜそれが必要なのか、どうやってそれを実現しようというのかを関係者に伝えなければなりません。きちんと論理立てて説明できれば、承認者から承認を得やすくなるだけでなく、プロジェクトメンバーの納得も深まり、ひいてはプロジェクトが無事成功する確率も高まります。

企画書でも「なぜ・何を・どうやって」のフォーマットが役立ちます。

- なぜ（企画の背景や目的）
- 何を（企画で実現したいこと）
- どうやって（実現の手段・リスクと対策）

4章と5章では、この分解したテーマをもとに企画書のアウトラインを組み立てていきました。本章では、分解したテーマをChatGPTに伝え、企画書の形に仕立てるところはChatGPTにお手伝いしてもらおうというわ

けです。

　ChatGPTへの依頼は箇条書きで問題ありません。たとえば、次のようにChatGPTに依頼します。

 ChatGPTへの依頼

次の情報を参考に、開発中のプロダクトをReactに移行する企画書を書いてください。

プロジェクトの背景：
  - プロダクトの大規模化により開発速度が低下している。
  - 開発チームに加わる開発メンバーの学習コストが高く、オンボーディングに時間が掛かっている。
  - 古いフレームワークの使用により、開発者の確保が今後難しくなっていくことも予想される。

プロジェクトのゴール：
  フレームワークをReactに移行することで次の効果を狙う。
  - コンポーネントベースのアーキテクチャを採用することで、UIコンポーネントを再利用しやすくし、開発効率を上げる。
  - 広く採用されたフレームワークを採用することで、開発者を確保しやすくする。
  - UIのレンダリングの効率を高め、パフォーマンスを向上させる。

プロジェクトの進行：
  - Reactに関する開発チームへのトレーニングを実施する（1ヶ月）

- 一部画面だけReactに移行するパイロットテストを実施し、技術的な検証を行う（3ヶ月）
- パイロットテストの結果をもとに、全画面をReactに移行する（6ヶ月）
- 必要な工数
  - トレーニング：〇〇人月
  - パイロットテスト：〇〇人月
  - 全画面の移行：〇〇人月

リスクと対策：
- 移行に必要なメンバーの確保
  - 対策1：社内でReactのトレーニングを実施する
  - 対策2：Reactに精通したメンバーがプロジェクトに加わりリードする
- 移行中の不具合の増加
  - 対策1：パイロットテストで必要なテストを確認する
  - 対策2：現行システムと新システムを並行稼働させ、切り戻しに備える
- 一時的な生産性の低下
  - 対策1：Reactに精通したメンバーによるサポートを提供する
  - 対策2：段階的な移行によりメンバーがReactの使用経験を積めるようにする

 ChatGPTの回答

React 移行企画書

1. 提案の背景

当社のプロダクトはその規模の大きさから、開発速度の低下とオンボーディングの困難さが顕著になってきました。使用している古いフレームワークは開発者の確保を困難にしており、これがプロジェクトの進行にも影響を及ぼしています。

2. 提案の目的

本提案の主目的は、開発フレームワークをReactに移行することにより、以下のような複数の改善を図ることです：

- 開発効率の向上：コンポーネントベースのアーキテクチャを採用することで、UIコンポーネントの再利用性を高め、迅速な開発を可能にします。
- 開発者の確保：広く採用されているReactへの移行により、技術者の採用が容易になります。
- パフォーマンスの向上：UIのレンダリング効率を高めることで、全体のパフォーマンスを改善します。

3. プロジェクトの進行スケジュール

- 開発チームへのトレーニング実施：期間 - 1ヶ月
    これにより、チームはReactの基本的な知識と応用スキルを習得します。

- パイロットテスト実施：期間 - 3ヶ月

　一部の画面をReactに移行し、技術的な検証を行います。このフェーズでは、実際の運用環境におけるReactのパフォーマンスと適合性を評価します。

- 全画面への移行：期間 - 6ヶ月

　パイロットテストの結果を基に、全画面を段階的にReactに移行します。

4. 必要な工数

- トレーニング：◯◯人月
- パイロットテスト：◯◯人月
- 全画面の移行：◯◯人月

　具体的な工数は、プロジェクトの初期評価後に調整が可能です。

5. リスクと対策

リスク1：移行に必要なメンバーの確保

- 対策1：社内でのReactトレーニングを実施し、技術力の内製化を図る。
- 対策2：Reactに精通した開発者をリーダーとしてプロジェクトに参画させる。

> リスク2：移行中の不具合の増加
> - 対策1：パイロットテストを通じて、発生可能な問題を事前に特定し、対応策を準備する。
> - 対策2：旧システムと新システムの並行稼働を計画し、必要に応じて旧システムへの切り戻しを可能にする。
>
> リスク3：一時的な生産性の低下
> - 対策1：React経験者による技術サポートを提供し、チームのスキル向上を図る。
> - 対策2：段階的な移行を計画し、チームが新技術に慣れる時間を確保する。
>
> 6. 結論
>
> Reactへの移行は、当社の技術的な課題を解決し、将来的な成長を支える重要なステップです。本提案が承認されることで、プロダクトの開発効率、パフォーマンス、および開発チームの能力が大きく向上することを期待しています。

　このように、盛り込みたい内容を整理してChatGPTに伝えてあげれば、企画書に仕立てるところはChatGPTにお手伝いしてもらえます。ChatGPTの下書きを見て、不要な情報があれば削除して、あるいは不足した情報があれば補うと良いでしょう。「2をもっと詳しく書いてください。」のように依頼して、より詳細にChatGPTに書いてもらうこともできます。
　なお、やはりここでも、ChatGPTが出す下書きをきちんと評価して使うことは必要です。ここでは解説を省きますが、マニュアルの下書きと同じ

ように、構成と文章のそれぞれに改善点がないか確認してください。繰り返すようですが、ChatGPTの下書きを修正無くそのまま使えることは稀です。

報告書を下書きする（報告型のドキュメント）

最後に、報告書をChatGPTで作成しましょう。

今回書くのは、プロジェクトの完了報告です。企画書の例で取り上げたReactへの移行プロジェクトが無事完了しました。そのことをプロジェクトオーナーに報告するために、報告書を作成します。

「なぜ・何を・どうやって」のフォーマットを報告書に適用すると、次のようになります。

- なぜ（活動の背景や目的）
- どうやって（活動の手段やプロセス）
- 何を（活動の結果や成果）

実施した活動の内容とともに、なぜその活動が必要だったのか、そして活動の結果として何を得たのかを報告します。

企画書と同様に、ChatGPTへの依頼は箇条書きで問題ありません。文章に仕立てるところはChatGPTにお願いできます。たとえば次のようにChatGPTに依頼します。

 ChatGPTへの依頼

開発中のプロダクトのフレームワークをReactに移行した結果を報告する報告書を書いてください。

報告書には次の情報を盛り込んでください。

背景：
- プロダクトの大規模化により開発スピードが低下していた。
- 開発チームに加わる開発メンバーの学習コストが高く、フレームワークが古いことで開発者の確保が困難になっていくことも予想された。

目的：
フレームワークをReactに移行することで次の効果を狙う。
- コンポーネントベースのアーキテクチャを採用することで、UIコンポーネントを再利用しやすくし、開発速度を上げる。
- 広く採用されたフレームワークを採用することで、開発者を確保しやすくする。
- UIのレンダリングの効率を高め、パフォーマンスを向上させる。

移行の過程：
- 初めに社内でReactのトレーニングを実施した。このトレーニングは社内で好評を得て、移行に際しての不安低減にもつながった。
- 段階的に移行を進め、初期フェーズでは最も影響が小さい画面からReactへの移行を開始した。これにより、初期のリスクを抑えながら全画面をReactに移行することができた。
- 切り戻しに備えて旧システムと新システムを並行稼働させたが、結果的には切り戻し不要で終えられた。旧システムは今期

中に停止させる。

結果：
- UIコンポーネントの再利用により、開発期間が平均10%削減された。さらに、UIの統一性も向上した。
- 開発チームに加わる開発メンバーのオンボーディング期間が30%削減された。
- レンダリング効率の向上により、UIの表示速度が平均20%向上した。
- コンポーネントごとの独立性を確保したことで、バグの特定と修正が容易になった。

 ChatGPTの回答

Reactフレームワーク移行プロジェクト報告書

1. 背景

当社のプロダクトが大規模化するにつれ、保守コストの増大が問題となっていました。さらに、使用していたフレームワークが古いため、新たに開発チームに加わるメンバーの学習コストが高く、開発者の採用にも困難が予想されていました。これらの問題を解決するため、フレームワークの更新が急務となりました。

2. 目的

本プロジェクトの主な目的は、フレームワークをReactに移行することで以下の効果を狙うことにあります。

- コンポーネントベースのアーキテクチャの採用により、UIコンポーネントの再利用を容易にし、保守コストを低減。
- 広く採用されているフレームワークの採用により、開発者の確保を容易にする。
- UIのレンダリング効率を高め、パフォーマンスの向上を図る。

3. 移行の過程

トレーニングの実施
　移行の初期段階で、社内でReactに関するトレーニングを実施しました。このトレーニングは非常に好評で、開発者たちのReactへの理解を深め、移行に対する不安を軽減する効果がありました。

段階的な移行
　プロジェクトのリスクを管理するため、影響が小さい画面からReactへの移行を段階的に開始しました。このアプローチにより、初期のリスクを最小限に抑えながら、最終的には全画面をReactに移行することができました。

並行稼働と切り戻しの準備
　移行中は旧システムと新システムを並行して稼働させ、万が

一のために切り戻しの準備を整えました。しかし、幸いなことに切り戻しは不要であり、旧システムは今期中に完全に停止する予定です。

4. 結果

- 開発効率の向上：UIコンポーネントの再利用が進んだ結果、開発期間が平均10%削減されました。また、UIの統一性が向上し、ユーザー体験も改善されました。
- オンボーディングの効率化：開発チームに新たに加わるメンバーのオンボーディング期間が30%削減されました。
- パフォーマンスの向上：レンダリング効率の向上により、UIの表示速度が平均20%向上しました。
- 保守性の向上：コンポーネントの独立性が確保されたことで、バグの特定と修正が以前よりも格段に容易になりました。

5. 結論

Reactへの移行は、当社のプロダクトの保守性、開発効率、そしてパフォーマンスを大幅に向上させました。この成功により、今後の新規プロジェクトや他の既存プロジェクトにおいても、同様の技術更新が推進されることが期待されます。

このように、報告書の作成もChatGPTにお手伝いしてもらえます。報告書に盛り込む内容を整理してChatGPTに伝える必要はありますが、**箇**

条書きでまとめるだけであれば、文章としてまとめるより断然ラクでしょう。本書を通してお話ししているように、ドキュメントを作成する上で大切なのは、情報をきちんと構造化することです。情報の構造化がきちんとできていれば、文章を書きやすくなります。あるいは、こうしてChatGPTに書いてもらうことさえできるのです。

8-6 ChatGPTで文章を校正する

ここまではChatGPTの出力を校正してきましたが、逆に自分が書いた文章をChatGPTに校正してもらうこともできます。校正とは、一度書いた文章に対して、**わかりづらい、あるいは本来言いたいことと別の意味に取れる文章を改善したり、誤字や脱字を修正したりする**ことです。

校正でやっかいなのは、自分が書いた文章の改善点にはなかなか気付けないことです。誤字や脱字には気付けても、わかりづらさや、誤解を受ける可能性には、自分では気付きづらいものです。その文章で何が言いたいのかを、自分は当然知っているからです。

そこで、ChatGPTに校正をお願いしようというわけです。自分が書いた文章の改善点に気付きづらいとはいえ、校正を依頼できる人がいないことも多いと思います。代わりにChatGPTにレビュアーになってもらいましょう。本格的な校正とまではいかなくても、ある程度の校正はChatGPTがしてくれます。

誤字や脱字を修正する

 ChatGPTへの依頼

次の文章の誤字や脱字を修正してください。修正した文字は太字にしてください。

業務でスマートフォンを活用することは生産性の工上につながります。スマートフォンを使うことで、移道中や外出先での空き時間を利用して業務を進めることが可能になります。たとえば、出勤時の電車の中でメールを読んでおけば、忙しい朝の時間を節約でき、またちょっとした返信もその場で済ませることができます。外出先で報告書を作成して提出すれば、報告書を作成しにわざわざオフィスに戻ることも不要になります。

 ChatGPTの回答

業務でスマートフォンを活用することは生産性の向上につながります。スマートフォンを使うことで、**移動**中や外出先での空き時間を利用して業務を進めることが可能になります。たとえば、出勤時の電車の中でメールを読んでおけば、忙しい朝の時間を節約でき、またちょっとした返信もその場で済ませることができます。外出先で報告書を作成して提出すれば、報告書を作成しにわざわざオフィスに戻ることも不要になります。

このように、誤字や脱字の修正をChatGPTに依頼すれば、それらが修正された文章が出力されます。特に社外に出す文章では、誤字や脱字はミ

スとして目立ちやすく、ドキュメントへの、ひいては企業への信頼の低下を招きます。公開前に修正しておきたいところです。

　なお、ChatGPTの修正には誤りがある可能性があります。繰り返しお話しするように、ChatGPTによる修正に問題がないか、自分でも再確認しましょう。依頼例のように、**修正した文字を太字にするよう依頼すると、修正された箇所が一目でわかって便利**です。

わかりやすい文章に直す

　もちろん、ChatGPTに依頼できる校正は誤字脱字の修正だけではありません。**わかりやすくなるよう文章を改善してもらう**こともできます。さきほどお話ししたように、文章のわかりづらさや、誤解を受ける可能性には、自分ではなかなか気付けません。そこで、ChatGPTにレビュアーになって貰えれば便利です。

　ChatGPTに校正を依頼するときのコツは、どのように校正してもらいたいのかを具体的に指定することです。「次の文章を校正してください。」とただ依頼するだけでは、望ましい校正結果が得られないことが多いです。そうではなく、たとえば「次の文章を一文一義にしてください。」のように、校正の方針を具体的に指示します。

 ChatGPTへの依頼

次の文章を校正してください。

iPhoneはアップル社が開発し販売するスマートフォンで、シンプルで洗練されたデザインを特長とし、高い性能を持ち滑らかに動作します。

ChatGPTの回答

文章は概ね良く書かれていますが、少し手を加えてさらに自然な日本語にすることができます。以下のように修正してみてはいかがでしょうか。

「iPhoneはアップル社によって開発され、販売されているスマートフォンで、シンプルで洗練されたデザインが特長です。また、高い性能を備え、スムーズに動作します。」

こちらの修正案では、「開発し販売する」を「開発され、販売されている」と変更しています。これにより、文章がよりフォーマルで読みやすい印象になります。また、「滑らかに動作します」を「スムーズに動作します」という表現に変えて、より自然な日本語にしています。

　上記の依頼は、どのように校正してもらいたいのかが曖昧です。7章でわかりやすい文を学んだ皆さんであれば、ChatGPTによる校正結果を見てソレジャナイ感を感じたのではないでしょうか。依頼が曖昧だと良い校正結果が得られないことがわかります。

　校正の方針をChatGPTに指示するために使えるのが、7章で挙げた、わかりやすい文の原則です。たとえば、「一文一義」や「重要なことから書く」などです。

　次のように、「一文一義」の原則を指示すれば、ChatGPTはきちんと原則に沿って校正してくれます。ChatGPTの回答を見ると、さきほどの曖昧な依頼と比べて、高品質な校正結果を得られていることがわかります。こ

の校正結果は、7章で一文一義の説明で出した文例ともほぼ一致しています。

 ChatGPTへの依頼

> 次の文章を一文一義にしてください。
>
> iPhoneはアップル社が開発し販売するスマートフォンで、シンプルで洗練されたデザインを特長とし、高い性能を持ち滑らかに動作します。

 ChatGPTの回答

> 次のように一文一義の原則に従って、文章を分けて書き直すことができます:
>
> 「iPhoneはアップル社が開発し、販売するスマートフォンです。この製品はシンプルで洗練されたデザインを特長としています。また、高い性能を持ち、滑らかに動作します。」
>
> このようにすることで、各文が一つの主要な情報を伝えることができ、読み手にとって理解がしやすくなります。

「重要なことから書く」原則をChatGPTに指示することもできます。すると、ChatGPTは中心文(「業務でスマートフォンを活用することは生産性の向上につながります。」)をパラグラフの先頭に移しました。校正結果は、まず言いたいことを述べてからその理由を述べていて、重要なことから書く原則に沿っています。

ChatGPTへの依頼

次の文章を重要なことから書くように校正してください。

出勤時の電車の中でメールを読んでおけば、忙しい朝の時間を節約でき、またちょっとした返信もその場で済ませることができます。外出先で報告書を作成して提出すれば、報告書を作成しにわざわざオフィスに戻ることも不要になります。よって、業務でスマートフォンを活用することは生産性の向上につながります。

 ChatGPTの回答

業務でスマートフォンを活用することは、生産性の向上につながります。出勤時の電車の中でメールを読んでおけば、忙しい朝の時間を節約でき、またちょっとした返信もその場で済ませることができます。外出先で報告書を作成して提出すれば、わざわざオフィスに戻る必要もありません。

　ここまで個々の原則に沿って文章を校正してきましたが、複数の原則を**まとめて指示することもできます**。実務の校正でChatGPTを使うときは、守ってほしい原則をまとめて指定したほうが使い勝手が良いでしょう。

 ChatGPTへの依頼

次のルールに沿って次の文章を校正してください。
　- 重要なことから書く
　- 一文一義にする
　- できるだけ肯定形にする

- 列挙する情報には読点や箇条書きを使う

スマートフォンは、携帯電話としての基本的な機能に加えて、インターネットへのアクセスや電子メールの送受信や写真の撮影や音楽の再生や地図やナビゲーション機能やSNSへのアクセスといった、多岐にわたる機能を有しており、これらの機能を活用することによって、日常生活やビジネスの様々な場面で利用価値が高まり、生活をより便利で豊かにすることができることから、現代社会において欠かせない存在となっています。

 ChatGPTの回答

スマートフォンは、現代社会において欠かせない存在です。携帯電話の基本的な機能に加えて、インターネットアクセス、電子メールの送受信、写真撮影、音楽再生、地図やナビゲーション機能、SNSアクセスなど、多彩な機能を提供しています。これらの機能を活用することで、日常生活やビジネスのさまざまな場面で利便性が向上し、生活がより便利で豊かになります。

このように、ChatGPTはレビュアーとしての役割も果たしてくれます。瞬時にレビューを得られることは、人にはない、AIの大きなメリットです。人によるレビューが得られる場合でも、ChatGPTによる校正をかけてからレビューに出せば、レビュアーの負担を減らすことも期待できます。

なお、同じ依頼に対してもChatGPTの回答は毎回変わるため、ChatGPTに完璧な校正は期待できません。筆者が試した中でも、依頼する校正ルールに沿わないことがありました。依頼する校正ルールが増えるほど見逃しが増える傾向にあるようです（人間もそうですよね）。文章改善の気付きを得

る目的で使うのが良いでしょう。

まとめ

　本章では「ChatGPTを使って書く」ことをテーマにお話ししました。ドキュメントを作成する上で必要な、構成を組む、文章を書く、書いた文章を校正する、の3つの工程のそれぞれでChatGPTを活用できます。うまく活用すれば、ドキュメント作成に掛かる時間を大幅に削減してくれる可能性をChatGPTは持っています。

　なお、ChatGPTは本書のメインテーマではなく、ChatGPTの活用を読者の皆さんにお勧めするものではありません。求めるものと違う出力がChatGPTから返ってくることも多く、さらに、ChatGPTの出力をきちんと自分で評価することも必要です。ドキュメントを書くことに慣れてきたら、自分でやったほうが速いと思う状況にもなるでしょう。本章を参考にぜひChatGPTを試してみて、どのように使うか検討してください。

　ChatGPTを活用する場合でも、しない場合でも、いずれにしても本書でここまで学んできたことは役立ちます。本章で繰り返しお話ししているように、求める出力をChatGPTから引き出すコツは、どんなものを求めているのかをできるだけ具体的にChatGPTに伝えることです。求めるものを具体的に伝えるスキル、そしてChatGPTの出力を評価するスキルとして、本書で得た知識をぜひ役立ててください。

実践編

Chapter
9

ドキュメントの構成例

本章では、プロダクトの開発プロセスで作成するドキュメントの中からいくつかをピックアップして、具体的な構成の例を紹介します。構成のポイントも合わせて紹介しますので、これからドキュメント作成を実践していくにあたっての参考としてご活用ください。

　なお、構成例は、ドキュメントに必要な情報の参考としてではなく、構成の参考としてご利用ください。それぞれのドキュメントに必要な情報は、プロダクトの性質や開発プロセスなどのコンテキストにより異なります。構成例には一般的に必要な項目のみ載せていますので、コンテキストに合わせて項目の加除が必要です。

9-1 要件定義書

要件定義書では、システムやプロダクトに求められる機能や、機能以外の要件を明確にすることが求められます。

「なぜ・何を」の構成

要件を定義するだけでなく、それぞれの要件がなぜ必要なのかを、ユーザーの業務に結び付けて開発メンバーが理解できるようにします。要件（何を）と目的（なぜ）が結び付くことで、目的に合った要件になっているかどうかがわかりやすくなります。また、要件定義書でカバーしきれない要件を開発メンバーが汲み取れるようになります。ひいては、適切な仕様の決定につながります。

「全体から部分へ」の流れ

ユーザーの業務やシステムの像を開発メンバーがイメージできるようにすることも必要です。そのために、「全体から部分へ」の流れで説明を組み立てます。たとえば、業務の概要や全体のフローを説明してから、個々の業務を一覧にして説明します。また、システムの概要や全体の構成を示してから、機能・画面・帳票・データなどの構成要素の詳細な要件を説明していきます。

●要件定義書の構成例

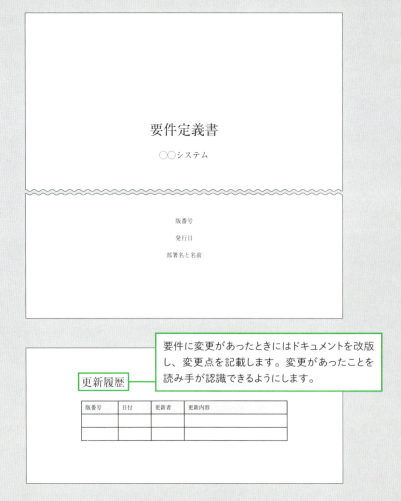

目次

はじめに 4
  開発の目的 4
  定義 4

業務要件 4
  業務実施手順 4
  規模 4
  時期・時間 4
  場所 4
  システム化の範囲 4

機能要件 5
  システム概要 5
    システム構成図 5
  機能 5
  画面 5
  帳票 5
  データ 5
  外部インタフェース 6

非機能要件 6
  ユーザビリティーとアクセシビリティー 6
  システム方式 6
  規模 6
  性能 6
  信頼性 6
  継続性 6
  上位互換性 7
  情報セキュリティー 7
  稼働環境 7
  テスト 7
  教育 7
  運用 7
  保守 7

> システムを開発する目的(なぜ)を説明します。システムの必要性や、システムによって解決したい課題を記載します。

はじめに

開発の目的
開発の目的を記載

定義
ドキュメントを理解するうえで必要な用語や略語を定義

業務要件

業務実施手順
ユーザーの業務に関する以下のような情報を記載

- 業務の概要とフロー
- 業務の一覧と、そのために利用する機能
- 業務の体制
- 業務で扱う情報

規模
システムのユーザー数や、単位時間当たりの(...)記載

時期と時間
業務の時間や時期、繁忙期を記載

場所
業務を実施する場所や設備を記載

システム化の範囲
システム化の対象となる業務を記載

> 「はじめに」の開発目的の説明を受けて、システムや個々の機能がなぜ必要なのかを、具体的な業務に紐付けて説明します。システムを使って、誰が(体制)、いつ(時間や時期)、どこで(場所)、何を(業務)するのか、といった、開発するシステムの使われ方に関する情報をまとめます。

> 「全体から部分へ」の流れでユーザーの業務を説明します。まずは業務の概要や全体のフローを説明してから、個々の業務を一覧にして説明します。
> また、その際は業務と機能の紐付きがわかるようにします。機能の使われ方を開発メンバーが理解できるようになり、適した仕様の決定につながります。

> システムに必要な機能（何を）を記載します。
> ここもやはり、「全体から部分へ」と説明を展開します。まずはシステムの概要や全体の構成を示してから、機能・画面・帳票・データなどの構成要素の詳細な要件を説明していきます。

機能要件

システムの概要

システムの概要を記載

システム構成図

システム全体の構成図を記載

機能

システムの機能に関する以下のような情報を記載

- 機能の一覧
- 各機能の説明と利用目的
- 機能同士の連携

画面

システムの画面に関する以下のような情報を記載

- 各画面のイメージ
- 各画面の説明と利用目的
- 画面遷移図

帳票

システムの帳票に関する以下のような情報を記載

- 各帳票のイメージ
- 各帳票の説明と利用目的

データ

ユーザーが扱うデータに関する以下のような情報を記載

- データの一覧
- データの利用者、利用目的、公開範囲、処理内容など

> 機能が多い場合は、大区分から小区分へと機能を分類して一覧にします。顧客管理機能、商品管理機能のように分類することで、機能の構造がわかりやすくなります。
> 各機能の利用目的も業務に紐付けて記載し、その機能がなぜ必要かがわかるようにします。

機能要件に続いて、システムに求められる非機能要件（何を）も記載します。非機能要件では、性能、使いやすさ、安定性など、機能以外の品質を定義します。

外部インタフェース

システムが持つ外部インタフェースに関する以下のような情報を記載

- インタフェースの一覧
- 各インタフェースの接続先、送受信するデータ、タイミング、方式など

非機能要件

ユーザビリティーとアクセシビリティー

ユーザビリティーとアクセシビリティーに関する以下のような情報を記載

- ユーザーのITリテラシーや特性
- それらにもとづいた、ユーザーが支障なく利用できる設計に関する要件

システム方式

利用するハードウェア、ネットワーク、技術スタックなど、システムの設計に関する要件を記載

規模

サーバー数、データ量、処理件数、ユーザー数など、システムの規模に関する要件を記載

性能

応答時間やスループットなど、システムの性能に関する要件を記載

信頼性

稼働率やデータのバックアップなど、システムの安定稼働に関する要件を記載

継続性
障害が発生したときの復旧に関する要件を記載

上位互換性
OSやミドルウェアなどのバージョンアップに応じたシステムの改修に関する要件を記載

情報セキュリティー
必要とされるセキュリティーレベルを記載

稼働環境
システムが稼働する環境に関する要件を記載

テスト
テストの種類や確認事項など、システムのテストに関する要件を記載

教育
システムのユーザーへの教育に関する要件を記載

運用
運用開始後のメンテナンスやサポート体制など、システムの運用に関する要件を記載

保守
障害への対応や不具合の修正など、システムの保守に関する要件を記載

9-2 仕様書

　プロダクトの仕様書では、プロダクトの仕様を開発メンバーに正しく伝えることが求められます。

「なぜ・何を」の構成

　要件定義書と同じく、仕様を定義するだけでなく、それぞれの仕様を「なぜ」と結び付けて開発メンバーが理解できるようにします。仕様（何を）とユーザーシナリオ（なぜ）が結び付くことで、目的に合った仕様になっているかどうかがわかりやすくなります。状況の変化に応じて柔軟に仕様を変えるアジャイル開発では特に、「なぜ」の認識を開発メンバーと合わせておくことが、仕様の継続的な見直しにつながります。さらに、マニュアルを作るときにも機能の使い方をユーザーの利用目的と紐付けて説明しやすくなります。

「全体から部分へ」の流れ

　仕様書でも、システムの像を開発メンバーがイメージできるようにすることが欠かせません。まずはシステムの概要を説明してから、システム構成図や機能の一覧で、システム全体の構造を説明します。さらに、個々の機能の概要、機能の詳細（画面・帳票・エラー・ログなど）へと説明を展開していきます。

●仕様書の構成例

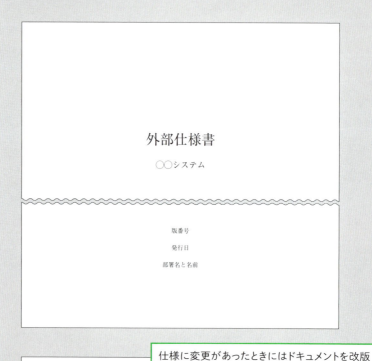

目次

はじめに 4
   開発の目的 4
   定義 4
システムの概要 4
   システム構成図 4
   機能の一覧 4
機能の詳細 4
   （機能名） 4
      ユースケース 4
      画面仕様 5
      項目仕様 5
      エラー 5
      ログ 5
非機能要求の詳細 5
   セキュリティ 5

Chapter9 ドキュメントの構成例

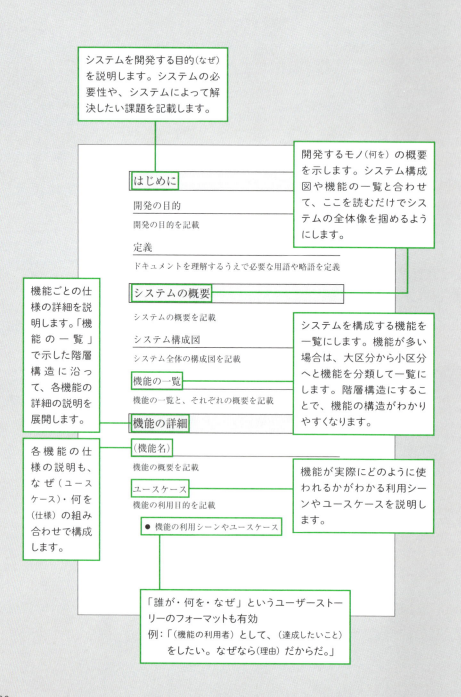

画面
画面の仕様を記載

- 各画面のモックアップ
- 複数の画面がある場合は、画面遷移も記載
- Figmaなどのツールでモックアップを描く場合は、リンクを記載
- 画面の各項目の名前、種別、データ型、入力が必須かどうか、入力制限など

帳票
帳票の出力がある場合は、仕様を記載

- 各帳票のモックアップ
- 各項目の名前と説明

エラー
出力するエラーの一覧を記載

- 各エラーの発生場所、条件、エラーメッセージなど

ログ
出力するログの一覧を記載

- 各ログの出力条件、ログレベル、ログメッセージなど

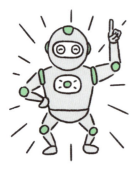

9-3 ユーザーマニュアル

　プロダクトのマニュアルでは、プロダクトやその機能がどういうものなのかを読み手にわかりやすく説明することが求められます。単機能のプロダクトであれば説明も簡単ですが、プロダクトでできることが増えるほど、その説明の難しさも増します。情報を整理して、順序立てて読み手に伝えていかなければなりません。

「なぜ・何を・どうやって」の構成

　マニュアルでは、次のように「なぜ・何を・どうやって」の3つをセットでユーザーが理解できるようにします。

- なぜ：プロダクトや機能の利用目的
- 何を：プロダクトや機能の概要や、それぞれでできること
- どうやって：プロダクトや機能の使い方

　プロダクトや機能の仕様を、ユーザーにとっての利用目的に結び付けて説明します。さらに、その目的を達成する方法へと説明を展開します。
　プロダクトや機能の仕様を説明する点では仕様書と同じですが、読み手の視点が異なる点に注意が必要です。読み手が違えば、同じ仕様を説明するにも適した説明の書き方は異なります。仕様書は開発者の視点で書きます。対して、マニュアルはユーザーの視点で書きます（7章の「読み手の視点で書く」を参考に）。

「全体から部分へ」の流れ

　要件定義書や仕様書と同じくマニュアルでも、システムやプロダクトの像をユーザーがイメージできるようにすることが欠かせません。まずはプロダクトの概要を説明してから、プロダクトの構成要素である機能の一覧を示すことでプロダクトの構造を読み手の頭に描かせます。さらに、それぞれの機能の詳細へと説明を展開します。

●ユーザーマニュアルの構成例

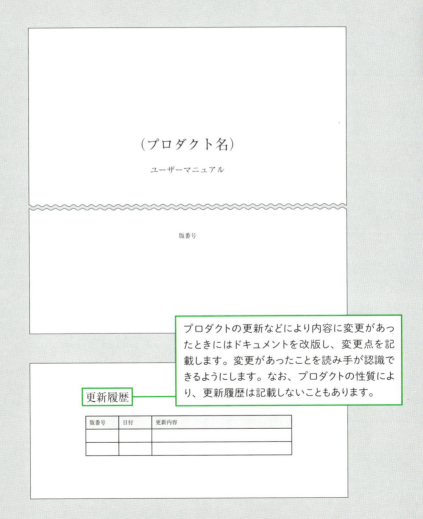

目次

（プロダクト名）とは 4
機能と利用目的 4
使い始めに必要な設定 4
   設定の流れ 4
   設定手順 4
   （機能名）を使う 4
（機能名）とは 4
   こんなときに使う 5
   操作手順 5
      ○○を○○する（例：メッセージを送信する） 5
トラブルシューティング 5
   （エラーの現象） 5

ドキュメントの構成例

プロダクトの概要を説明します。さらに、プロダクトの主な機能を挙げて、それぞれの概要を説明します。この項を読むだけでプロダクトの全体像を掴めるようにします。

プロダクトの主な利用目的と、機能ごとの利用目的を、具体例を挙げて説明します。プロダクトが解決する課題や提供する価値を読み手が具体的にイメージできるようにします。また、どのようなときに(なぜ)、どの機能(何を)を使えばいいのかがわかるようにします。

(プロダクト名) とは

- プロダクトの概要
- プロダクトの主な機能と、それぞれの概要

機能と利用目的

- プロダクトの主な利用目的
- 機能の一覧と、それぞれの利…

使い始めに必要な設定

設定の目的を記載

設定の流れ

必要な作業とその流れを記載

Step 1(作業の概要)

Step 2(作業の概要)

設定手順

Step 1(作業の概要)

1. 「(メニュー名)」で[(ボタン…
   す。
   (操作の詳細と期待される結果…

Step 2(作業の概要)

…ボタン…
…れる結果…

これから行う作業の全体の流れとゴールを説明します。全体の流れを掴んだ上で作業を始めることで、読み手は自分が今どのステップにいるのかを把握できます。また、プロダクトの操作に慣れた人であれば、作業の流れとゴールさえわかれば、方法を推測して完了できることもあります。

作業の手順をステップに分けて説明します。ここでのステップ名は「設定の流れ」と一致させます。
ソフトウェアの操作説明では、1つの画面での操作を1つの手順にまとめます。そうすることで、操作のまとまりが読み手の頭に入りやすくなります。また、操作によって期待される結果も手順ごとに説明します。そうすることで、読み手は操作ミスに気づきやすくなります。

セットアップなど、プロダクトの使い始めに必要な作業があれば、説明します。「なぜ・何を・どうやって」で説明を構成します。
- なぜ:なぜその作業が必要なのか(設定の目的)
- 何を:必要な作業項目とゴール(設定の流れ)
- どうやって:具体的な操作や作業(設定手順)

機能ごとの説明を展開します。「なぜ・何を・どうやって」で説明を構成します。
なぜ：機能の利用目的(こんなときに使う)
何を：機能の概要((機能名)とは)
どうやって：機能の使い方(操作手順)

(機能名) を使う

(機能名) とは
機能の概要を記載

こんなときに使う
機能の利用目的を記載

操作手順
機能の操作手順を、機能や利用目的に紐付けて記載

○○を○○する（例：メッセージを送信す

1.「(メニュー名)」で [(ボタン名)] を
　す。
　(操作の詳細と期待される結果)

トラブルシューティング

(エラーの現象)

- エラーの現象
- エラーの原因
- エラーへの対処方法

トラブルシューティングは、エラーケースごとに分けて対処方法を説明します。また、原因ではなく、ユーザーから見た現象を見出しにすることを意識します。
悪い見出し：メール通知が迷惑メールとして処理される
良い見出し：メール通知が届かない

トラブルへの対処方法を説明します。「なぜ・何を・どうやって」で説明を構成します。
- なぜ：エラーの原因
- 何を：エラーの内容
- どうやって：エラーへの対処方法

9-4 報告書

「なぜ・何を・どうやって」の構成

開発プロジェクトの完了を報告する報告書では、次のように「なぜ・何を・どうやって」の3つをセットで読み手が理解できるようにします。

- なぜ：開発の目的や背景
- 何を：開発の結果とその評価
- どうやって：開発プロセスとその評価

開発のもともとの目的を示してから、開発の結果（成果物）と、それによって目的をどのように達成できたのかの評価を示します。さらに、開発の手段（開発プロセス）の評価へと話を展開します。

「概要から詳細へ」の流れ

まずはプロジェクト全体の「なぜ・何を・どうやって」の概要を示してから、読み手が興味を持った情報の詳細へと読み進めやすいように、報告を構成します。報告書では、読み手により求める情報の粒度が異なります。概要だけ掴めれば良い読み手もいれば、詳細まで知りたい読み手もいます。

● 報告書の構成例

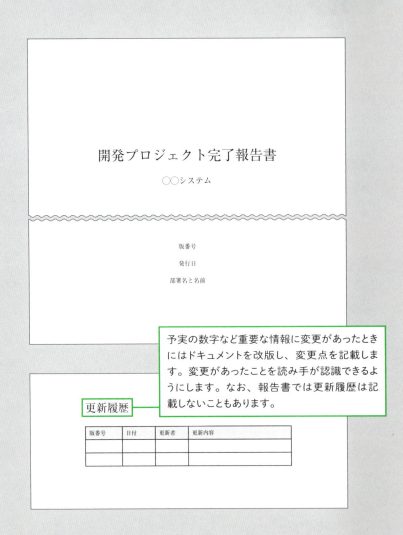

目次

概要 4
開発の目的 4
開発の結果 4
    成果物 4
    目標の達成度 4
評価とフィードバック 4
    開発計画の評価 4
    予実の評価 4
    品質の評価 5
    今後の課題 5

報告の概要を述べます。報告内容から重要な情報をピックアップしてまとめ、ここを読むだけで報告内容をザックリと掴めるようにします。

開発に至った目的（なぜ）を述べます。システムにより解決したい課題や、ビジネス観点で達成したい目標（KPI）などを述べます。

概要

報告書全体の概要を記載

開発の目的

開発の目的を記載

開発の結果（何を）と、それによって目的をどのように達成できたのかの評価を述べます。

開発の結果

成果物

開発したシステムの説明を記載

- システムの全体構成
- 主要な機能とその説明
- スクリーンショットや動画など

目標の達成度

KPIなどビジネスにおける目標値への達成度合いを記載

評価とフィードバック

開発計画の評価

開発計画に関する評価を記載

- プロジェクト管理
- 開発体制
- 技術選定
- 工数管理
- 課題管理

開発プロセス（どうやって）と、その評価を述べます。プロジェクト管理や体制などの計画面、期間や工数の予実、品質などの点で課題を挙げ、次回の開発に向けたフィードバックとしてまとめます。

予実の評価

開発期間と工数に関して、予定と実績を比較した評価を記載

- 開発期間の予実評価
- 工数の予実評価
- 今後の課題

品質の評価

テスト結果をもとに品質の評価を記載

- 実施したテストとその結果
- 品質の評価
- 今後の課題

今後の課題

プロジェクトを通して確認できた課題を整理し、次回の開発における改善項目として記載

おわりに

　良いドキュメントを書くために必要なのは、文章力より設計力だと思います。設計とはつまり、「あるべき情報があるべき場所にあり、そこに読み手が辿り着ける」ようにすることです。筆者はマニュアルなどプロダクトのドキュメントを制作する機会を多く持ちますが、プロダクトのドキュメントにおいては、情報が誤解なく伝わりさえすれば、文章表現の良し悪しや文法の間違いは大きな問題にはなりません。読み手が不満を感じるのは、文章の読みづらさや文法の間違いよりも、探している情報が見つからないことなどによる場合がほとんどです。

　本書では、ドキュメントの設計について、つまり、伝える情報を分解、整理してドキュメントの構成や文章に落とし込む方法をお話ししてきました。また、「はじめに」では、「ドキュメントを書くことは、読み手の頭の中にある情報を整理し、構造化することにもつながる」とお話ししました。整理した情報を適切にドキュメントの構成や文章に落とし込むことで、読み手に伝わりやすいドキュメントになります。そのことを、本書を通じて実感いただけたでしょうか。

　本書では、生成AIの活用についても取り上げました。このさき生成AIの技術はさらに進化し、ドキュメント作成に生成AIを利用することは当たり前になっていくかもしれません。それでも、ドキュメントを書くスキルが不要になるわけではないことは、本書でお話ししてきたとおりです。誰に何を伝えるかを絞り込むスキル、情報を構造化するスキル、構成や文章の良し悪しを判断するスキルを持つことで、生成AIを時短のための武器として活用できるようになります。

　本書の締めに、長きに渡る執筆を支えてくださった皆様に感謝の言葉を

言わせてください。特に編集者の内藤杏里さんには、執筆中の長い間、根気強く支えていただきました。プロの編集者ならではのアドバイスや校正のお陰で本書があります。また、執筆中に温かい声を掛け続けてくださった家族、友人、同僚にも感謝します。皆様の支えなしに本書を書き上げることはできませんでした。

本書を最後までお読みいただきありがとうございました。知識や学びを積極的に共有するエンジニア文化が私は大好きです。本書を通じて、皆さんが持つドキュメントへの苦手意識が消えるだけでなく、エンジニアの情報発信を促進する一助になれば、この上ない喜びになります。

2024年9月　仲田尚央

ブックデザイン	沢田幸平（happeace）
イラスト	カケヒジュン
DTP	株式会社信東社

- 本書の一部または全部について、個人で使用するほかは、著作権上、著者およびソシム株式会社の承諾を得ずに無断で複写／複製することは禁じられております。
- 本書の内容の運用によって、いかなる障害が生じても、ソシム株式会社、著者のいずれも責任を負いかねますのであらかじめご了承ください。
- 本書に記載されている会社名、商品名などは一般に各社の商標または登録商標です。
- 本書の内容に関して、ご質問やご意見などがございましたら、ソシムWebサイトの「お問い合わせ」よりご連絡ください。なお、電話によるお問い合わせ、本書の内容を超えたご質問には応じられません。

エンジニアが一生困らない ドキュメント作成の基本

2024年 9月27日 初版第1刷発行
2025年 2月14日 初版第4刷発行

著　者　仲田 尚央
発行人　片柳 秀夫
編集人　志水 宣晴
発　行　ソシム株式会社
　　　　https://www.socym.co.jp/
　　　　〒101-0064 東京都千代田区神田猿楽町1-5-15 猿楽町SSビル
　　　　TEL：(03)5217-2400（代表）
　　　　FAX：(03)5217-2420

印刷・製本　株式会社 暁印刷

定価はカバーに表示してあります。
落丁・乱丁本は弊社編集部までお送りください。送料弊社負担にてお取替えいたします。
ISBN978-4-8026-1484-9　©2024 Naohiro Nakata, Printed in Japan